Stefan Gottschling (Hrsg.)

Online-Marketing-Attacke
Das So-geht´s-Buch® für messbar mehr Verkäufe im Internet

Mit Beiträgen von:

Dr. Florian Becker, Christian Bennefeld, Christian Böhme, Martin Bucher, Maren Cargnelli, Klaus Eck, Gerhard Fuchs, Stefan Gottschling, Nikolaus von Graeve, Harald Henn, Michael Keller, Maximilian Kleinsorgen, Dr. Benedikt Köhler, Tjalf Nienaber, Dr. Christoph Röck, Joachim Rumohr, Tobias Schlegel, Uwe-Michael Sinn, Philipp von Stülpnagel, Alexander Wild, Patrick M. Wolff, Veikko Wünsche.

Stefan Gottschling (Hrsg.)

Online-Marketing-Attacke

Das So-geht's-Buch® für messbar mehr Verkäufe im Internet

SGV VERLAG

www.sgv-verlag.de

Bibliografische Information Der Deutschen Bibliothek

Die Deutsche Bibliothek verzeichnet diese Publikation in der Deutschen Nationalbibliografie; detaillierte bibliografische Daten sind im Internet unter http://dnb.ddb.de abrufbar.

1. Auflage 2010

Satz: SGV Verlag e.K.

Druck und Verarbeitung: Druckhaus Köppl und Schönfelder oHG, Augsburg

Herausgeber: Stefan Gottschling

Umschlaggestaltung und Abbildungen: © SGV Verlag e.K.

Printed in Germany

ISBN 978-3-9811027-7-2

Vorab eine kleine Gebrauchsanweisung

Liebe Leserin,

lieber Leser,

dieses Buch ist – wie der Name schon sagt – ein So-geht's-Buch. Das bedeutet für Sie: In kürzester Zeit können Sie prägnante und fundierte Informationen aufnehmen. Ein Leitsystem aus Symbolen führt Sie auf „Schnellstraßen“ durch das Buch. So finden Sie gezielt die Stellen, die für Sie Wichtiges enthalten.

Das sind Ihre Wegweiser:

Ihre Notizen

Dieses Symbol sagt: Hier ist genügend Platz für alles, was Ihnen zum Thema einfällt. Notieren Sie einfach alle Ideen und Anmerkungen auf dem breiten Rand Ihres So-geht's-Buches. Hineinschreiben ausdrücklich erwünscht!

Tipps

Dieses Symbol finden Sie bei jedem Tipp. Sobald Sie einen Hinweis umgesetzt haben, nehmen Sie einen dicken Stift und machen Sie einfach einen Haken. So entsteht nach und nach Ihre persönliche Checkliste und Sie behalten Ihre konkreten Fortschritte im Blick.

Zusammenfassung

Hier sind die wichtigsten Punkte aus dem Kapitel noch einmal zusammengefasst. Die Zusammenfassungen dienen Ihnen auch als Schnell-Leseleiste. So können Sie in kürzester Zeit die Inhalte erfassen und bearbeiten.

Achtung häufige Fehler

Der Blitz zeigt Ihnen, wo Sie die 5 häufigsten Fehler zu jedem Themengebiet finden. Achten Sie darauf, dass sich diese Fehler auf keinen Fall bei Ihnen eingeschlichen haben.

Marginalien

Zahlreiche kurze Sätze auf dem Rand des Buches erläutern die wesentlichen Punkte des Textes. Gemeinsam mit den Zusammenfassungen fügen sie sich zu einer Schnell-Leseleiste zusammen. So lassen sich die wichtigsten Inhalte mit wenig Zeitaufwand lesen und bearbeiten.

Weblinks, Updates und mehr ...

Die Online-Marketing-Attacke geht weiter. Natürlich im Netz unter www.sgv-verlag.de. Hier gibt es Links zu Studien, Autoren und sonstige Updates. Einfach ausprobieren!

So-geht´s-Bücher: Wissen einfach umsetzbar

Immer wieder werden Sie auf Dinge stoßen, die Sie sofort ausprobieren oder übernehmen wollen. Und damit kein nützlicher Gedanke verloren geht, haben wir in jedem Buch einen breiten Rand gelassen. Hier ist Platz für all Ihre Anmerkungen und Ideen.

Machen Sie mit ...

Der breite Rand ist als schnelle Leseleiste konzipiert und bringt Inhalte schnell und präzise auf den Punkt.

Egal wie viel Zeit Sie haben: So-geht's-Bücher bieten immer praktischen Nutzen. Die Randbemerkungen sind wie Schnellstraßen: Sie erlauben Ihnen innerhalb Ihres Zeitkontingents die Kapitelinhalte zu erarbeiten.

Doch nicht nur Randbemerkungen helfen bei der schnellen Erfassung der Inhalte. Auch Kapitelstartseiten, Randsymbole und Zusammenfassungen zeigen Ihnen, wo wichtige Aspekte stehen. Sie geben Orientierung und helfen beim schnellen Aufbau Ihres Wissensnetzes zu einem Thema.

Viel Spaß beim Lesen und Ausprobieren wünscht Ihnen

Ihr

Stefan Gottschling
Herausgeber und Geschäftsleitung SGV Verlag

50

konkrete Tipps, wie Sie Kontakte in Käufer umwandeln

30

Tipps, wie Sie nach dem Kauf nachhaltig überzeugen

Online-Marketing-Attacke!

Liebe Leser,

dieses Buch ist ein besonderes Buch. Es wendet sich an alle, die Produkte oder Dienstleistungen im Internet vermarkten wollen. Und es nimmt Sie mit auf eine ganz konkrete Reise. Auf eine Reise, die Ihnen mit umsetzbaren Expertentipps nahebringt, was sich hinter dem Oberbegriff Online-Marketing verbirgt.

Nun ist es nicht neu, ein Marketing-Buch zu schreiben. Neu ist, dass so viele Experten „ihr" Fachgebiet in jeweils 10 ganz praktischen Rezepten präsentieren. Lernerfolg und Aha-Effekte garantiert. Denn über 200 konkrete Tipps machen dieses Buch zu einer Checkliste fürs Online-Marketing. Dass sie notwendig ist, das erfahren wir in unseren Seminaren, in den Reaktionen auf Newsletter, über die Rückmeldung der Experten, die sich jetzt in diesem Buch zusammengetan haben.

Egal wie Sie dieses Buch verwenden: Vielleicht wollen Sie wissen, was Ihre Marketing-Abteilung tut, wenn es um SEO, SEM, Twitter oder Online CRM geht. Vielleicht überlegen Sie selbst, wie Sie Ihren Shop optimieren können. Vielleicht sind Ihnen Etiketten wie Web 2.0 oder Marketing 2.0 zu abstrakt. Vielleicht suchen Sie einfach eine Idee für Ihr Marketing. Egal was es ist: Dieses Buch hilft garantiert. Und es macht all die neuen Medien und Möglichkeiten „fassbar".

Garantiert sind auch die konkreten Ansatzpunkte, die Sie hier finden. Deshalb ist dieses Buch kein Buch für Leser, die theoretische Hintergründe des Marketings erfahren wollen. Es ist ein Buch für Macher. Es zeigt, wie Online-Marketing besser und schlagkräftiger wird. Und es amortisiert sich schnell, wahrscheinlich schon mit dem ersten umgesetzten Tipp. Ganz am Rande: Es ist bereits die zweite Marketing-Attacke. Notwendig, weil aus dem Leserkreis der ersten Marketing-Attacke so viel Zuspruch und so viele Anfragen kamen.

Online-Marketing-Attacke erhebt keinen Anspruch auf Vollständigkeit, sondern gibt guten Rat zu Ihren Themen. Und sie ist entstanden, weil ein praxisorientierter Überblick über die vielen neuen Marketing-Ansätze hilft, auch strategische Entscheidungen sicherer zu treffen. Weil Kommunikation heute eben auch vom Kunden ausgeht. Und – und das ist noch wichtiger – weil viele alte Grenzen zwischen Marketing, Vertrieb und Verkauf fallen. Den neuen Medien, ganz offensichtlich, sei Dank.

Attacke!

Holen Sie sich Ihren Markt!

Ich wünsche Ihnen viel Spaß und viele neue Ideen beim Lesen!

Augsburg, April 2010

Ihr

Stefan Gottschling
Herausgeber und Geschäftsleitung SGV Verlag

Ein Wegweiser oder

wie Sie mit diesem Buch arbeiten und am meisten für sich herausholen ...

Jetzt kann es losgehen! Die Online-Marketing-Attacke liegt vor Ihnen. Und sie liefert ein dickes Paket voller Ideen, Regeln und Umsetzungshilfen. In 20 Fachbeiträgen haben die Autoren 200 ganz konkrete Tipps für Sie gesammelt – und dazu die 100 häufigsten Fehler, die Sie unbedingt vermeiden sollten. Viel zu tun! Dieses Buch ist eine große Checkliste – und so ziehen Sie den größten Nutzen daraus:

1. Arbeiten Sie mit diesem Buch!

So arbeiten Sie mit Ihrem Buch: Hineinschreiben, Markieren und Abhaken erwünscht!

Das bedeutet: Nehmen Sie es mit an Ihren Arbeitsplatz, legen Sie es auf Ihren Schreibtisch und gehen Sie mit einem Stift in die einzelnen Kapitel hinein. Wichtig ist, dass Sie beim Lesen gleich alle Ihre Ideen aufschreiben. Dafür haben wir einen extra großen Rand für Notizen gelassen. Eine Idee wirkt interessant auf Sie, „steckt Sie an“ oder entwickelt sich in Ihrem Kopf gleich weiter? Dann gleich in der Randspalte notieren!

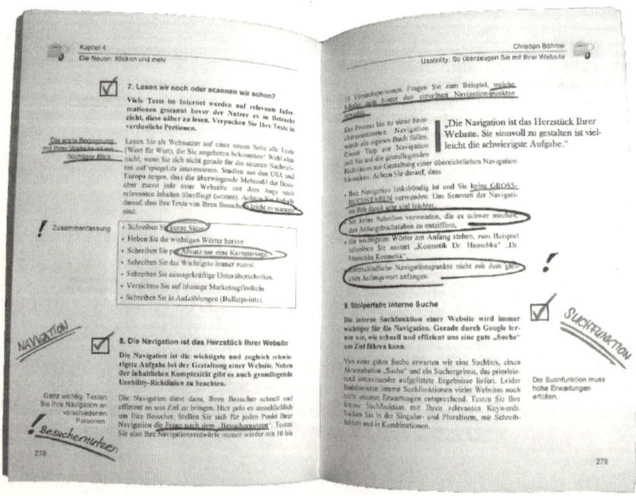

Außerdem zu empfehlen: Markieren Sie gleich jeden Tipp, der für Sie spannend ist, mit einem Post-it oder Textmarker. Besonders nützlich: das Symbol mit dem vorgezeichneten Häkchen, das Sie bei jedem Tipp finden. Es sagt: Abhaken! Wenn Sie also einen Tipp umgesetzt haben, haken Sie ab. So wird Ihr „So-geht´s-Buch“ zu Ihrer persönlichen Checkliste.

2. Suchen Sie gezielt die Themen heraus, die Sie zuerst anpacken möchten!

Vier Kapitel führen Sie zu vielen Optimierungs-Chancen. Die **50 Tipps** des ersten Kapitels liefern Rahmenbedingungen und zeigen Ihnen, wie Sie Ihre Online-Kompetenz erweitern. Sie lernen, wie Sie Ihre Website psychologisch überzeugend aufbauen und schon bei den ersten Schritten Ihres Internetauftritts alles richtig machen. Sie lesen, wie Sie mit der Macht der Sprache Besucher auf Ihre Website lotsen und verkaufsstark texten. Und Sie erhalten wichtige Tipps in Sachen Online-Recht und digitale Körpersprache.

Mit **70 ganz konkreten Tipps** geht es in Kapitel 2 um das Thema „Kontakte". Sie lernen, wo Sie online erfolgreich Kontakte knüpfen, zum Beispiel mit Hilfe von Online-Netzwerken wie XING oder Social-Media-Anwendungen wie Twitter. Sie lernen, mit Hilfe nachhaltiger Links und Online-PR Besucher auf Ihre Website zu führen. Wie Sie die spannende Zielgruppe 60 plus erreichen und zu Kunden machen, verraten Ihnen zehn ganz konkrete Tipps. Und Sie lernen, wie Sie mit Affiliate-Marketing ganz gezielt dort werben, wo Ihre Interessenten sind.

Die **50 Tipps** aus Kapitel 3 zeigen Ihnen, wie Sie aus Kontakten Käufer machen. Hier lesen Sie mehr über erfolgreiches E-Mail-Marketing und die Optimierung Ihrer Landing Pages. Wer seine Produkte in einem Online-Shop präsentiert, bekommt Praxistipps für die Content-Produktion – denn mit den richtigen Bildern und Texten setzen Sie Ihre Waren verkaufsstark in Szene. Und Sie lernen die Möglichkeiten des Mobile Marketings kennen.

Mit einem Kauf ist eine Kundenbeziehung jedoch noch lange nicht beendet. Was bei Kontrolle, Kundenbindung und Nachverkauf zu beachten ist, verraten Ihnen **30 Praxistipps** in Kapitel 4. Die Themen: Web-Controlling, Social CRM und 10 Ideen, um aus Käufern total loyale Online-Kunden zu machen.

Jetzt sind Sie dran

Vielleicht fragen Sie sich noch: Funktioniert das alles? Ja, nach bestem Wissen und Gewissen. Alle Hinweise sind erprobt und bewährt. Trotzdem müssen sie noch auf Ihre spezielle Situation übertragen werden. Denn die kennen die Autoren natürlich nicht. Auch Ihre Angebote und Ihre Zielgruppe kennen Sie selbst am besten. Deshalb müssen wir eine juristische Haftung ausschließen. Trotzdem gilt: Alle Tipps sind sorgfältig recherchiert und wurden immer wieder erfolgreich in der Praxis umgesetzt.

Übrigens geht die Online-Marketing-Attacke auch online weiter. Auf der Website des SGV Verlages (www-sgv-verlag.de) haben wir weitere Informationen und Links für Sie zusammengestellt. Einfach einmal hineinschauen!

Fakten und Trends

Zwei von drei Deutschen sind mittlerweile online, und der Internet-Handel boomt. Knapp 750 Millionen Menschen sind weltweit in sozialen Netzwerken miteinander verbunden. Und in einer „Immer-und-überall-online-Welt“ erreichen Inhalte und Marketing-Informationen ihre Adressaten kontext- und situationsorientiert. Einige Eckdaten …

Fakten und Trends

Zwei von drei Deutschen sind online

82 % der Bundesbürger haben einen PC oder Laptop im Haushalt, davon sind etwa 80 % bereits online. Sie nutzen das Internet als Informations- wie Kaufkanal: 55 % informieren sich vor einer Kaufentscheidung im Internet, 37 % nutzen sogar ausschließlich Online-Ratgeber (*BITKOM*). Auch Altersgruppen, die nicht mit dem Internet groß geworden sind, zieht es ins Netz: 45% der Menschen zwischen 55 und 74 Jahren nutzen das Internet. Damit liegt Deutschland in dieser Zielgruppe 12 % über dem EU-Durchschnitt (*Eurostat*).

Die Verweildauer im Netz (2009: durchschnittlich 140 Minuten pro Tag) und die Kauflust steigen: Versand- und Onlinehändler setzten 2009 in Deutschland ca. 29,1 Mrd. Euro um. Doch erstmals kamen mehr als die Hälfte dieses Branchenumsatzes (53,3 %, was 15,5 Milliarden Euro entspricht) über das Internet. Der Online-Handel in Deutschland boomt (*bdv*). Übrigens schalteten deutsche Unternehmen im 1. Quartal 2009 Online-Werbung im Wert von 340 Millionen Euro (*BITKOM*).

Der unsichtbare Dritte

Neben den Online-Werbemaßnahmen wirbt zukünftig noch „einer" kräftig mit, und zwar ohne dass Sie es zunächst bemerken. Denn: Kunden werben Kunden, und zwar über Produktbewertungen und Nutzermeinungen. Die *W3B-Nutzeranalyse 2009* hat ermittelt: Jeder Zweite hat sich von Produktbewertungen anderer zum Kauf führen lassen oder seine Meinung über ein Produkt positiv verändert. Aber auch: Rund 75 % der aktiven Leser von User-Meinungen haben sich von einem Kauf abhalten lassen, bei 67 % führte die konkrete Information aus „zweiter Hand" zu einer negativen Markenwahrnehmung.

Die Werbebudgets ...

... verlagern sich mehr und mehr Richtung Online. 2008 entfielen ca. 12 % der deutschen Budgets auf diesen Bereich, 2009 geschätzte 19 % (*Dt. Bank Research*). Gewinner der Krise, dort wo Budgets verlagert werden: jegliche Form der direkten Ansprache. Also wiederum Online-Werbung und Dialogmarketing laut *Handelsblatt Business Monitor*. Aus den „großen zwei“ E-Mail-Marketing und Keyword-Advertising sind mit Social-Media-Marketing die großen drei geworden. Bei der Streuung der deutschen Budgets im B2B 2009 dominiert Keyword-Advertising. 76 % der Unternehmen investieren hier. Gefolgt von Print-Werbung in Fachzeitschriften und Online-Werbung mit jeweils 61 % (*TNS Infratest*).

Wohin die Online-Reise geht ...

... entscheiden Kunden mehr und mehr selbst. Deutlicher Beleg dafür: Kundenmeinungen beeinflussen per Produktbewertung die Kaufentscheidungen anderer. Und die Bedeutung sozialer Netzwerke steigt. Gleichzeitig werden Inhalte und Marketing-Informationen noch individueller, passen sich noch mehr an den persönlichen oder situativen Kontext der Nutzer an.

Soziale Netzwerke:

Weltweit sind knapp 750 Millionen Menschen über soziale Netzwerke miteinander verbunden. Ein gewaltiges Netz, in dem sich Privates mit Markenerfahrungen, -meinungen und -empfehlungen mischt. Hier liegt StudiVZ im deutschlandweiten Vergleich deutlich vorn (14,6 Mio. Nutzer/Monat), gefolgt von Wer-kennt-wen (6,2 Mio. N/M) und Facebook (5,6 Mio. N/M). Twitter landet in dieser Top Ten mit 1,8 Mio. Usern im Monat nur auf dem letzten Platz (*BITKOM, durchschnittliche Nutzer pro Monat im 3. Quartal 2009*).

Wer hier als Unternehmen profitieren möchte, muss sich dem Dialog mit den Kunden stellen. Und zwar offen, ehrlich, direkt und sofort. Wer eine tadellose Online-Reputation aufbaut, vom Kunden als Partner und Freund im Social Web akzeptiert wird, zurückhaltend auftritt und Mehrwert für den Kunden schafft, wird profitieren.

Shopping-Clubs:

Immer mehr Nutzergruppen schließen sich zusammen, um ganz gezielt Preisvorteile zu erzielen. Zum Beispiel in Shopping-Clubs. Einem registrierten Userkreis wird Markenware zu „Freundschaftspreisen“ angeboten. In den „virtuellen Outlet-Stores“ sind nach *W3B-Nnutzer-Analyse* schon 32,2 % der Internetnutzer registriert. Hier werden dann vor allem Überkapazitäten, Restposten oder Auslaufmodelle über einen alternativen Kanal abgesetzt. Die Auktionen laufen nur wenige Tage unter Ausschluss der breiten Öffentlichkeit. Und: 70 % der Internetnutzer kennen dieses Konzept bereits.

Die Immer-und-überall-online-Welt

iPhone, Smartphones, Surfsticks, Flatrate: Online ist überall. Wer unterwegs surft, sieht dank technischer Entwicklung die abgerufenen Seiteninhalte genauso schnell wie zu Hause. Und nutzt neue, mobile Funktionalitäten, die ihn per App mit regionalen Nachrichten, Stadtplänen oder örtlichen Preisvergleichen versorgen. Ein Trend, auf den sich werbende Unternehmen einstellen müssen. Der Kunde ist vor Ort, in konkreten Situationen abseits seines Schreibtisches zu erreichen. Clever ist, wer nun kontext- und situationsorientiert wirbt. Und durch kontextorientierten Inhalt Nutzen anbietet.

Das Schlagwort „Relevante Infos im richtigen Moment“ bezieht sich jedoch nicht nur auf „Mobile Marketing“, sondern kennzeichnet einen klaren Trend der gesamten „Online-Welt“. Textanzeigen und Banner werden gezielt in sogenannten Bedarfsmomenten eingesetzt. Also thematisch abgestimmt auf die Website oder den Artikel, den der User gerade liest. Wer auf der Seite eines Reiseanbieters surft, erhält z. B. die passenden Mietwagen- oder Hotelangebote dazu. Es besteht ein konkreter Bezug zwischen Werbung und Website. Der Vorteil für Unternehmen: Streuverluste werden minimiert. Eine Anzeige wird dort wahrgenommen, wo die Interessenten sind.

Die totale Individualisierung betrifft jedoch auch die Website selbst. „Content-Marketing“ heißt das Zauberwort. Kunden finden auf Firmenwebseiten im Idealfall nur relevante Informationen, nützlichen Service oder wertvolle News. Das führt zu hoher Aufmerksamkeit und enger Bindung.

Und Google?

Google ist die Website mit den höchsten Zugriffsraten und aus Verkaufsprozessen nicht mehr wegzudenken. Denn jede Kaufentscheidung erfordert Informationen – und die findet man eben ganz schnell bei Google. Doch Google hat noch mehr vor. Künftig soll die Bestellung noch einfacher und schneller werden – nach dem Motto: gesucht, gefunden und gleich über die Suchmaschine gekauft. Kleiner Vorgeschmack: die Google-Produktsuche. Doch es gibt dazu noch mehr Spekulationen im Netz: Eigentlich müsste die Ergebnisübersicht gar nicht mehr verlassen werden. Vielleicht gelangen wir künftig von einer Suchanfrage direkt in einen Warenkorb, ohne den Umweg in den Online-Shop eines Anbieters zu gehen. Google wäre der Shop. Die Suchmaschine würde so zum großen Warenvermittler – und gerade kleinere Händler müssten die Investition „Online-Shop“ nicht mehr stemmen. Man darf gespannt sein, was kommt.

Schon real: Ad Sitelinks. Ein Turbo für das Suchmaschinen-Marketing: In Verbindung mit AdWords-Anzeigen platzieren Sie bis zu vier sogenannte Ad Sitelinks. Das sind zusätzliche Links zu unterschiedlichen Landeseiten. So kann der Nutzer noch präziser entscheiden, welches Thema ihn interessiert bzw. zu welcher Unterkategorie er gelangen will. Diese Links können jederzeit angepasst und verändert werden – ohne die eigentliche Anzeige bearbeiten zu müssen. So sind auch saisonale Aktionen schnell in AdWords-Kampagnen integriert.

Messen und testen

Online-Werbung wird immer zielgerichteter und ihr Erfolg ist in hohem Grade messbar. Gerade alles messen zu können spricht zusätzlich für Online-Werbeformen. Denn Unternehmen möchten wissen, wie (schnell) sich eingesetzte Budgets wieder einspielen. Doch zur Messbarkeit kommt noch eine zweite Stärke, die mehr Sicherheit bietet: die Testbarkeit. Fast alles lässt sich einfach testen. Und Plattformen wie Google kommen z. B. durch einfach verfügbare Werkzeuge beiden Trends entgegen.

Wie es weitergeht ...

Schon gibt es Prognosen, die Online-Werbeausgaben große Sprünge voraussagen: Ein *Forrester Forecast* aus Juli 2009 über die Online-Werbeausgaben in den USA prognostiziert für den Zeitraum von 2009 bis 2014 ein Ansteigen um durchschnittlich 17 % pro Jahr. Wenig verwunderlich: Die Ausgaben für Social-Media-Marketing wachsen mit 34 % am stärksten, gefolgt von einer Wachstumsrate von 27 % im Mobile Advertising. Dominiert wird der Online-Werbemarkt weiterhin vom Suchmaschinen-Marketing, die Ausgaben dafür sollen sich bis 2014 verdoppeln. Im Jahr 2014 werden laut Forrester die Online-Werbeausgaben in den USA rund 20 % der gesamten Werbeausgaben ausmachen.

Der Strukturwandel des deutschen Medienmarktes gewinnt durch die Finanz- und Wirtschaftskrise zusätzliches Tempo. Budgetüberprüfungen und steigende Anforderungen an den Effizienznachweis von Werbung fördern die Verschiebung hin zu Online-Medien. Das ist das Ergebnis der Studie „*OMD media map 2010-2020*“ aus November 2009.

Klare Verlierer sind demnach die klassischen Werbeträger: Print-Medien büßen in den kommenden zehn Jahren fast die Hälfte ihrer Werbeeinnahmen ein, digitale Medien dagegen wachsen weiter. Im Jahr 2007 überstiegen die Online-Netto-Werbeinvestitionen zum ersten Mal die Aufwendungen für Publikumszeitschriften, jetzt nähern sie sich dem Niveau der TV-Budgets. Spätestens 2013 wird laut Studie das Internet der kommerziell wichtigste Werbeträger sein. Je nach progressiver oder konservativer Betrachtung – die Studie zeigt zwei Szenarien – wird 2020 jeder zweite (progressiv) bzw. jeder dritte Werbe-Euro (konservativ) für digitale Medien verwendet.

Literatur

BITKOM, „Welche Entscheidungshilfen Käufer nutzen“, 1000 Befragte ab 14 Jahre. 10.03.2010.

Eurostat, EU, „Personen, die das Internet in den letzten drei Monaten genutzt haben“, im Alter von 55 - 74 Jahren, Data in Focus 46/2009.

bdv, Bundesverband des Deutschen Versandhandels, „Marktzahlen 2009 vom 02.02.2010, Rekordjahr für den Versand- und Onlinehandel“.

BITKOM / Thomsen Media Control, „Ausgaben für graphische Werbung im Internet in Deutschland (Euro)“, Januar 2008.

W3B 29. Nutzeranalyse 2009, Herbst 2009. www.fittkaumaass.de.

DB, Deutsche Bank Research, „Online-Werbung in Deutschland: Lichtblicke in der Krise“, 20.10.2010. www.dbresearch.de.

Handelsblatt Business Monitor 2009, „Werbebudgets auf dem Prüfstand“, 14.02.2009.

TNS Infratest, „Streuung des Werbebudgets bei Unternehmen im B2B 2009. Angaben zu den verschiedenen Maßnahmen in % der Befragten“.

BITKOM / Comscore, „Anzahl der Nutzer von sozialen Netzwerken pro Monat“, Durchschnitt 3. Quartal 2009. 28.10.2009.

Forrester Forecast: US Interactive Marketing Spend, 2009 – 2014. Juli 2009.

OMD Germany: „OMD media map 2010-2020“, November 2009. www.omd.com.

Ihre Notizen:

....

....

1

Basics: Klick-Kompetenz

50 ganz grundlegende Tipps

Dr. Florian Becker

Homepage-Psychologie – 10 Tipps für entscheidende Wettbewerbsvorteile ...

Homepages werden immer entscheidender als Kommunikationsinstrument, Vertriebskanal und als Dialogplattform. Dabei spielt die psychologische Optimierung eine erfolgskritische Rolle im Wettbewerb. Hier erhalten Sie 10 ganz konkrete Tipps, wie Sie sich in diesem Feld Wettbewerbsvorteile sichern können!

Der Autor

Dr. Florian Becker

Dr. Florian Becker ist Spezialist für Werbepsychologie und Konsumentenverhalten. An der International School of Management (ISM) ist er Programmdirektor für den Studiengang Psychology & Management. An der Ludwig-Maximilians-Universität (LMU) in München leitete er über fünf Jahre das Marktpsychologische Labor. Forschungskooperationen bestehen unter anderem mit Wissenschaftlern der University of California. Er ist Gründungsmitglied des Transfernetzwerkes Wirtschaftspsychologische Gesellschaft (WPGS) und hat langjährige Praxiserfahrung als Berater.

Was eine überlegene Homepage für Sie bringt

Homepage-Optimierung ist mehr als Technik und EDV.

Internetseiten sind so wichtig wie nie zuvor und werden jeden Tag wichtiger. Dabei gerät oft in den Hintergrund, dass Homepages Instrumente sind, die bestimmte Ziele unterstützen sollen.

Eine psychologisch optimierte Homepage macht Prozesse effizient, bringt Spaß bei der Nutzung, baut Vertrauen auf, kommuniziert die Marke und begeistert Kunden. Allzu oft fällt ein rein technischer Blick auf diese Schnittstellen zwischen Mensch und Technik. Es wird vergessen, dass all die technischen Möglichkeiten nur dazu dienen, Prozesse mit Menschen zu optimieren. Das liegt naturgemäß auch an den Personen, die sich schwerpunktmäßig mit Internetseiten befassen und denen oftmals die technische Seite so nah wie die psychologische fern ist.

Dieses Kapitel soll Sie sensibilisieren, die psychologische Perspektive der Nutzer einzunehmen. Der Text stellt Ihnen die wichtigsten Punkte vor, die bei der psychologischen Optimierung Ihrer Homepage zentral sind und die Sie vor allem ganz einfach ohne teure Geräte und ohne Schnickschnack umsetzen können.

Erste Notizen:

....

....

1. Bleiben Sie vorne – handeln Sie, bevor es andere tun

Stellen Sie alle Elemente Ihrer Homepage auf Erfolg.

Noch vor nicht allzu vielen Jahren waren Homepages für die meisten Unternehmen nicht erfolgskritisch. Das hat sich fundamental geändert. Entsprechend aggressiv sollten Sie sich hier Wettbewerbsvorteile sichern!

Homepages sind heute so wichtig wie nie. Sie sind ein zentraler Informationskanal für Kunden und andere Zielgruppen des Unternehmens, sie sind immer Aushängeschild des Unternehmens, häufig Marktplatz und Handelsplattform, sie übernehmen wichtige Geschäftsprozesse. Internetseiten bieten enorme Einsparungspotenziale an Zeit, Geld und Personal sowohl für Unternehmen als auch für ihre Kunden, Mitarbeiter oder Anteilseigner. Entsprechend bedeutsam ist die psychologische Optimierung dieser zentralen Ressource für Unternehmen. Dazu kommt: In Zukunft werden die Internetpräsenzen im Gleichschritt mit mobilem Internet und der wachsenden Marktdurchdringung des Internets sowie steigender Nutzungszeit der einzelnen Personen umso wichtiger. Vor diesem Hintergrund ist klar: Wer hier frühzeitig Prioritäten setzt, sichert sich entscheidende Vorteile im Wettbewerb.

2. Erfassen Sie psychologisches Optimierungspotenzial in voller Breite

Psychologische Optimierung ist mehr als reine Usability oder Blickregistrierung. Denken Sie breit, erwarten Sie viel!

Bei der Optimierung von Homepages sind zahlreiche Aspekte wichtig. Dabei spielen auch technische Maßnahmen und die Optimierung für Suchmaschinen eine große Rolle. In diesem Text steht allerdings das große Gebiet der psychologischen Optimierungsmöglichkeiten im Fokus. Eine psychologische Perspektive der reinen Usability ist noch viel zu kurz gegriffen. Natürlich muss der Bedienaufwand möglichst gering sein, eine Homepage sollte intuitiv verständlich sein und die Prozesse sollten fehlerfrei sein. Die psychologisch optimierte Homepage kann viel mehr. Sie macht den Nutzern Spaß bei der Anwendung, sie baut Vertrauen auf, sie unterhält und informiert nicht nur, sie weckt positive Emotionen bei den Nutzern, sie harmoniert mit Marke und Produkten, sie interagiert mit den Kunden, sie spielt harmonisch im Konzert mit anderen Medien. Das alles sind Aspekte, die im Kontrast zu ihrer Bedeutung nur sehr selten professionell gehandhabt werden. Entsprechend hoch ist das psychologische Optimierungspotenzial bei Internetseiten.

Ihre Homepage muss Spaß machen, Vertrauen aufbauen und positive Gefühle auslösen.

3. Hinterfragen Sie Bestehendes

Eingefahrene Gleise und Gewohnheiten sind tückisch. Sie bremsen Gedanken und Innovation. Lassen Sie sich nicht bremsen!

Der typische Lebenslauf einer Firmenhomepage ist folgender: Irgendwann, meist schon vor vielen Jahren, fiel die Entscheidung, eine Homepage aufzubauen. Damals waren Homepages noch nicht so bedeutsam wie heute, entsprechend hemdsärmelig wurde bei der Entwicklung vorgegangen. Technische Kriterien und Bauchgefühl waren hier treibend, oft lag die zentrale Verantwortung bei sehr marketingfremden Personen. Ergebnis war eine Struktur, die die damaligen Anforderungen zufriedenstellend (aber nicht optimal) erfüllte. Im Laufe der Jahre kamen neue Anforderungen, wurden Seiten an die bestehende Struktur angedockt, vielleicht wurden technische Veränderungen vorgenommen, wie die Umstellung auf ein Content-Management-System. Das Ergebnis erinnert nicht selten an ein großes, organisch gewachsenes Gebäude, das als einfache Hütte begonnen wurde, an die immer wieder Neues hinzugebaut wurde. Diese Form der organisch gewachsenen Homepage ist suboptimal und etwas gänzlich anderes, als man erhalten würde, wenn man nach den aktuellen Anforderungen professionell eine vollkommen

Überprüfen Sie Ihre bestehende Webpräsenz: Erfüllt sie aktuelle Ansprüche?

neue Homepage entwickeln würde. Stellen Sie sich daher die Frage: Ist das, was wir hier haben, wirklich die optimale Lösung für die aktuellen Anforderungen oder ist es einfach eine Fortsetzung von Bestehendem aus Gewohnheit?

4. Nehmen Sie bei Innovationen und Veränderungen die Nutzer mit

Innovation sichert das Überleben im Wettbewerb, hat aber ihre Grenzen in der Akzeptanz der Betroffenen. Es ist gut, dass Sie durchstarten – denken Sie aber an die Nutzer!

Zu viel Neues könnte Nutzer irritieren. Integrieren Sie Ihre Nutzer in Veränderungsprozesse.

Im Vergleich zum Neubau von Gebäuden und Umzügen ist das Erstellen einer neuen Homepage sehr kostengünstig. Die Zeit, die Menschen in dieser Umwelt verbringen, und die Einflüsse auf das Erleben und Verhalten der Menschen sind aber durchaus vergleichbar mit Gebäuden. Entsprechend bedeutsam sollten Homepages eingestuft werden. Beachten Sie nur eines: So wichtig es ist, Gewohnheiten zu hinterfragen, um innovativ zu sein, so wichtig ist es, eingeschliffene Gewohnheiten von Nutzern zu beachten.

Folgendes sollten Sie zur Sensibilisierung für das Thema bedenken: Im Prinzip ist es bei Homepages wie mit Unternehmen ganz generell; Veränderung ist notwendig, auch wenn es mal schmerzhaft ist! Durch ein entsprechendes Change-Management lassen sich Nutzer abholen und mitnehmen und die Akzeptanz für mittelfristig vorteilhafte Maßnahmen lässt sich deutlich verbessern.

5. Online ist eine eigene Welt

Es ist schön, offline Erfolg zu haben. Machen Sie aber nicht den Fehler, Konzepte einfach ungeprüft in die Onlinewelt zu übertragen. Passen Sie Ihre Kommunikation gezielt der Onlinewelt an!

Viele Unternehmen versuchen Offline auf Online zu übertragen – und scheitern damit. Ein guter Werbeprospekt funktioniert nicht, wenn man ihn einfach online nachbaut, ebenso klappt es nicht, Produktbeschreibungen aus Printmedien einfach nur online zu setzen. Woran liegt das?

Online-Inhalte müssen professionell erstellt und angepasst werden.

Online ist ein anderes Umfeld, in dem sich ein und dieselben Personen gänzlich unterschiedlich verhalten und ganz andere Dinge erwarten, akzeptieren oder eben nicht akzeptieren. Was sind die fundamentalen Unterschiede? Menschen wollen Information bei der Onlinenutzung noch einfacher verarbeiten können als sonstige Texte.

Die Akzeptanz für lange und komplizierte Texte ist online noch viel geringer als ohnehin in Offlinemedien. Anders ausgedrückt: Verwenden Sie kurze, knackige Texte, die sofort zum Punkt kommen, verwenden Sie deutsche Wörter statt komplizierter Fremdwörter, nutzen Sie einfachen Satzbau ohne Schachtelsätze, schreiben Sie in der aktiven Form, machen Sie aus einem langen Satz zwei kurze, wenn möglich – und noch besser – machen Sie aus zwei kurzen Sätzen einen kurzen Satz.

Zerteilen Sie darüber hinaus Texte in Sinnabschnitte, bilden Sie kurze Zwischenkapitel. Lassen Sie besonders wichtige Texte von Profis überarbeiten (beispielsweise Texter oder Psycholinguisten). Reduzieren Sie Texte am besten auch durch andere Kommunikationsformen: Nutzen Sie Bilder statt Text, nutzen Sie Videos statt Bilder.

6. Beachten Sie die verschiedenen Zielgruppen

Je nachdem, mit wem Sie als Kunden zu tun haben, verhalten Sie sich intuitiv ganz anders, kommunizieren Sie in einem anderen Stil. Ihre Internetseite sollte das auch.

Bieten Sie Inhalte sowohl für neue Besucher als auch für Nutzer, die Ihre Seite bereits kennen.

Homepages haben alle mehrere Zielgruppen, deren besondere Bedürfnisse zu beachten sind. Eine wichtige Differenzierung gilt für alle Homepages: Die Unterteilung in die neuen Besucher und in die vorhandenen routinierten Nutzer. Beide haben gänzlich unterschiedliche Ansprüche und psychologische Verarbeitungsmechanismen. Neue Besucher kennen sich noch nicht aus, kommen vielleicht gerade von einer Suchmaschine oder durch eine Werbekampagne über andere Kundenkontaktpunkte. Viele verlassen die Seite wieder in Sekunden, die sogenannte Bounce-Rate. Um zu erreichen, dass mögliche Kunden auf der Seite bleiben, ist Folgendes wichtig: Die Landeseite muss innerhalb von Sekunden klar machen, welches Angebot die Seite hat. In dieser kurzen Zeit geht das ausschließlich per Bildkommunikation. Zudem wollen sich neue Kunden schnell orientieren können und brauchen Vertrauenshinweise, um die Seite und das Angebot zu akzeptieren.

Die zweite wichtige Zielgruppe sind die vorhandenen Nutzer, die einfach und schnell ihre Prozesse erledigen wollen und sich bereits gut auskennen. Dieser Gruppe ist es wichtig, schnell mit einem Klick an alle wichtigen Funktionen zu kommen, lange Erklärungen sind hier nicht mehr nötig. Es macht keinen Sinn, die Bedürfnisse von neuen Nutzern und vorhandenen Nutzern gegeneinander auszuspielen. Als Faustregel kann gelten: Bauen Sie die Startseite für die neuen Besucher. Machen Sie aber einen auffälligen Menüpunkt, der die Stammnutzer schnell zu allen wichtigen Funktionen führt. Es gibt viele technische Lösungen, sprechen Sie mit Ihrem Programmierer oder der verantwortlichen Agentur.

7. Struktur, Ordnung und Präzision schaffen Orientierung

Wir alle kennen Gebäude, in denen sich kein Mensch auskennt. Oft sind das Gebäude, an die immer wieder Neues angebaut wurde. Ihre Homepage sollte klar wie ein Neubau sein!

Orientierung ist das A und O auf Ihrer Homepage.

Eine gute Gliederung der Menüstruktur ist die wichtigste Basis zur Orientierung der Nutzer. Sind die Überkategorien in logischer Reihenfolge und aus der Kundensicht heraus strukturiert? Bringen Sie die Informationen so, wie sie für den Kunden relevant sind, was ihn interessiert. So finden sich bei näherem Hinsehen viele Kuriositäten im Netz: politische Parteien, die als ersten Menüpunkt Spenden und als zweiten ihren Shop stellen, Shops, die als Erstes den Kunden von ihrem Unternehmen erzählen wollen, und Ähnliches. Überlegen Sie sich: Was ist für meine Zielgruppe wichtig, was möchte sie als Erstes sehen? Was interessiert die Zielgruppe als Zweites und so weiter. Bauen Sie die Menüstruktur danach auf.

Entwickeln Sie Ihre Navigation aus Sicht der User.

Noch schlimmer ist, dass nicht selten die Struktur vor lauter Bildern, News und direkten Links ganz verloren geht. Wo alles wichtig ist und hervorgehoben wird, ist am Ende gar nichts mehr auffällig. Halten Sie daher die Startseite schlicht und aufgeräumt. Es darf nur das Wichtigste darauf sein, weniger ist in diesem Falle sicher mehr. Außer Ordnung und Struktur ist auch die Präzision der verwendeten Begriffe maßgeblich für die Orientierung der Zielgruppe. Stellen Sie sich bei jedem Menüpunkt die Fragen: Steht tatsächlich drauf, was auch drin ist? Ist das wirklich der einfachste und gebräuchlichste Begriff? Wie würde die Zielgruppe diesen Punkt nennen? Ein einfaches Beispiel: Statt als Partei den eher umständlichen Begriff Programm zu verwenden oder als Unternehmen das Wort Portfolio zu nutzen, ist es besser, die Menüpunkte Ziele und Angebote zu nennen. Gehen Sie alle Menüpunkte gründlich durch, das kostet Sie nicht viel Zeit, lohnt sich aber.

8. Denken Sie an die emotionale Wirkung und Bildsprache

Informationsverarbeitung findet auf zwei Wegen statt: der zentralen, rationalen Route und der peripheren, emotionalen Route. Nutzen Sie die ganze Bandbreite, um Ihre Botschaft online zu kommunizieren!

Sprechen Sie mit Ihrem Online-Angebot auch die Gefühle Ihrer Besucher an.

Ordnung, Struktur und Texte sind wichtig bei Homepages, treffen aber hauptsächlich die rationale Seite der Informationsverarbeitung. Gleichsam sollte die emotionale Seite der Informationsverarbeitung bei den Zielgruppen beachtet werden. Hier ist die psychologische Anmutung zentral, denn bereits innerhalb der ersten Sekunden entscheidet ein neuer Besucher, ob er auf der Seite bleibt oder wieder geht. Natürlich ist dafür die bereits angesprochene Ordnung und Struktur wichtig, damit der Nutzer schnell erkennt, ob diese Seite etwas für ihn ist und was sie ihm bietet. Mindestens ebenso wichtig sind aber gezielte weitere Stimuli. Diese Stimuli sollten zum Angebot passen, dieses ggf. in der Verwendung zeigen und den Besucher erreichen, bevor dies überhaupt mit Text geschehen kann. Darüber hinaus sollten die Bilder hier den Besucher psychologisch aktivieren, also aufwecken. Dafür sind ungewöhnliche Bilder, Abbildungen von Dingen, die für die Zielgruppe relevant sind, Gesichter und kräftige Kontraste und Farben zweckmäßig.

Verwenden Sie Symbole, die Vertrauen und Seriosität signalisieren.

Oft können Nutzer nicht einschätzen, wie seriös ein Internetangebot ist. Platzieren Sie daher auf der Startseite auch Hinweisreize, die Vertrauen schaffen. Unabhängige Tests, Gütesiegel, Bilder von attraktiven Menschen, die der Zielgruppe in Alter, Geschlecht und Subkultur ähneln, und konkrete Ansprechpartner sind dafür besonders geeignete Stimuli. Nutzen Sie diese auf der Startseite.

9. Identifizieren Sie kritische Prozesse und optimieren Sie kontinuierlich

Homepages haben vor allem einen Zweck: Sie sind eine Plattform für Prozesse. Machen Sie Ihren Kunden diese Prozesse so einfach, angenehm und selbstbelohnend wie möglich.

Lassen Sie den User entscheiden, ob er seinen Standort preisgeben will.

Homepages sind virtuelle Umgebungen, auf denen Prozesse stattfinden. Jede Homepage dient mindestens einem Prozess, meist sind es viele. Klassische Prozesse sind die Information von Zielgruppen, das Sammeln von Daten über Zielgruppen, die Möglichkeit für Zielgruppen, selbst Information hochzuladen und zu übermitteln, Kauf- und Geschäftsprozesse. Diese Prozesse sollten nicht nur aus technischer Sicht einwandfrei funktionieren, sondern vor allem aus psychologischer Perspektive optimiert werden. Ähnlich wie man sich innerhalb von Unternehmen Gedanken bei der Gestaltung von Arbeitsprozessen macht, sollte dies auch bei Homepages gelten. Hier ist es vielleicht sogar noch wichtiger, denn der Nutzer hat die Wahl. Er wird anders als der Arbeitnehmer nicht für seine Tätigkeit bezahlt, kann jederzeit abbrechen und zur Konkurrenz gehen. Worauf ist bei der psychologischen Gestaltung von Prozessen zu achten?

Die Forschung sagt: Prozesse sollten, um zu motivieren, effizient sein, hedonistische Freude bereiten und Feedback über die Zielerreichung geben. Aus Sicht der Nutzer unnötige Zwischenschritte, Verzögerungen oder Barrieren sind hier sehr kontraproduktiv. Nehmen Sie sich daher die Zeit, laden Sie ein paar Nutzer ein und geben Sie diesen als Aufgabe jeweils ein paar der kritischen Prozesse auf Ihrer Homepage. Lassen Sie die Testpersonen etwa ein Produkt suchen, sich als Kunde registrieren, einen Newsletter abonnieren oder einen Kauf abschließen. Beobachten Sie diese Prozesse genau, lassen Sie sich von den Versuchspersonen laut erzählen, was ihnen gerade durch den Kopf geht, was sie freut und

> „Machen Sie Ihrem Kunden alles so einfach, angenehm und selbstbelohnend wie möglich."

was sie stört. Sie werden staunen, wie viele Punkte Ihnen zur Optimierung auffallen, und wenn es nur einfache Formulierungen in Texten sind oder die Reihenfolge von Schritten. Optimieren Sie dann die entscheidenden Punkte und testen Sie erneut. Wenn Ihre Seite wichtig genug ist, holen Sie sich ggf. auch eine spezialisierte Agentur, die Ihre Prozesse psychologisch optimiert.

10. Lernen Sie die wichtigsten Instrumente kennen und sinnvoll einsetzen

Für Herausforderungen sensibilisiert zu sein, ist gut, die passenden Lösungstools zu kennen, ist besser. Dabei ist erfolgsentscheidend, die entsprechenden Instrumente in der richtigen Reihenfolge einzusetzen.

Ganz konkret: Die Techniken der psychologischen Optimierung.

Instrumente für psychologische Optimierung von Homepages sind sehr vielfältig. Das Einfachste und Erste, was Sie machen sollten, ist Introspektion. Introspektion bedeutet, sich selbst einfach einmal die Zeit zu nehmen, alle kritischen Prozesse zu durchlaufen und zu sehen, wo man hängen bleibt, was besser gemacht werden kann. Machen Sie das auch gleich bei ähnlichen Seiten, etwa denen von Wettbewerbern, um weitere Ideen zu erhalten. Ebenfalls grundlegend ist, eine Analysesoftware auf der Seite laufen zu lassen, die durch Klickmuster, Fehlermeldungen, Eintritts- und Austrittsseiten und viele andere Informationen wertvolle Hinweise geben kann, was verstanden wird und wo Optimierungspotenzial liegen könnte. Wenn das alles umgesetzt ist: Die nächste Ebene der Instrumente wären dann Interviews mit Nutzern, entweder per Onlinefragebogen oder durch Einladung in einen Testraum. Begleitung von Nutzern im Alltag und zu Hause als weitere Stufe liefert Daten, wann und wie Seiten genutzt werden, wie der soziale Kontext der Nutzung aussieht oder welche technischen Probleme auftreten.

Wieder eine Ebene weiter liegen dann erst Verfahren der Blickregistrierung, um zu sehen, was überhaupt auf welchen Unterseiten beachtet wird. Auf dieser Stufe befinden sich auch technische Verfahren der Zeitverkürzung, mit denen Inhalte der Seite für Sekundenbruchteile gezeigt werden, um die psychologische Anmutung zu testen. Dies erlaubt es, Markenfit und emotionale Wirkung zu erfassen. Um konkrete Ideen zur Umsetzung bei der Optimierung zu bekommen, haben sich als nachgelagertes Verfahren, das immer auf jeder Stufe eingesetzt werden kann, Gruppendiskussionen mit Nutzern bewährt. Gleichsam auf jeder Stufe sinnvoll sind auch Experteninterviews, die andere Daten erfahrungsbasiert ergänzen und strukturieren helfen.

! Zusammenfassung

Fazit

Wer ohne psychologische Brille auf Technik blickt, versäumt, die Potenziale zielgerichtet zu nutzen. Technische Aspekte und psychologische Optimierung sind keine Widersprüche, im Gegenteil: Technik ist ein Instrument, liefert Möglichkeiten, Plattformen für Nutzer zu gestalten, damit diese die gewünschten Prozesse ausführen können. Die hier aufgeführten Felder sind nur eine Auswahl. Dennoch machen alle deutlich, wie wichtig psychologische Aspekte bei der Optimierung von Internetseiten sind, sei es bei der Akzeptanz von Veränderungen, der Optimierung für Zielgruppen, Gliederung, Struktur und Präzision von Bezeichnungen, dem Erreichen von Marken-Fit, der emo-tionalen Kommunikation und dem Aufbau von Vertrauen oder der Optimierung von Prozessen. Selten wird man hier umfangreiche Studien brauchen, oftmals genügt der gesunde Menschenverstand. Es ist einfach wichtig, für diese Themen sensibilisiert zu sein und nicht nur auf rein technische Aspekte der Internetpräsenzen zu achten. Wenn mir diese Sensibilisierung für das Themengebiet psychologische Optimierung bei Ihnen gelungen ist, hat sich das Kapitel bereits gelohnt. Wenn es mir darüber hinaus noch gelungen ist, Sie für mehrere konkrete Felder zu sensibilisieren, oder bereits Ideen zur Optimierung Ihrer eigenen Homepage entstanden sind, ist das Ziel dieses Kapitelssogar noch übertroffen.

Die 5 häufigsten Fehler

Fünf Fehler, die Sie sich sparen können

- **Betrachten Sie Ihre Homepage nicht nur aus der technischen Perspektive.**

Blicken Sie durch die psychologische Brille und fragen Sie sich: Wie kann Technik mir helfen, diese psychologische Funktion zu optimieren? Setzen Sie dabei bitte zuerst ganz einfache Methoden und gesunden Menschenverstand ein. Aufwendige technische Verfahren wie Blickregistrierung oder teure Marktforschung sind im Einzelfall mitunter sinnvoll, aber erst ab einem gewissen Level, wenn Sie mit einfachen und effizienten Methoden nicht mehr weiterkommen.

- **Hinterfragen Sie Gewohnheiten.**

Auch wenn Ihre Internetseite so gesehen nicht schlecht funktioniert: Hinterfragen Sie dennoch gewachsene Strukturen und Gewohnheit – so stimulieren Sie Innovation.

- **Verändern Sie nicht zu radikal.**

Denken Sie immer an die Stamm-User, holen Sie diese ab, nehmen Sie sie mit.

- **Versuchen Sie nicht alles, was irgendwie wichtig ist, auf die Startseite zu setzen.**

Misten Sie aus, entscheiden Sie sich für das Wichtigste, sonst geht alles im Chaos unter.

- **Ihre Nutzer interessieren sich nicht so sehr für Textinhalte, wie viele glauben.**

Nutzen Sie Bilder und Videos, formulieren Sie kurz und prägnant.

Veikko Wünsche

Wie Sie Ihre Website richtig erstellen

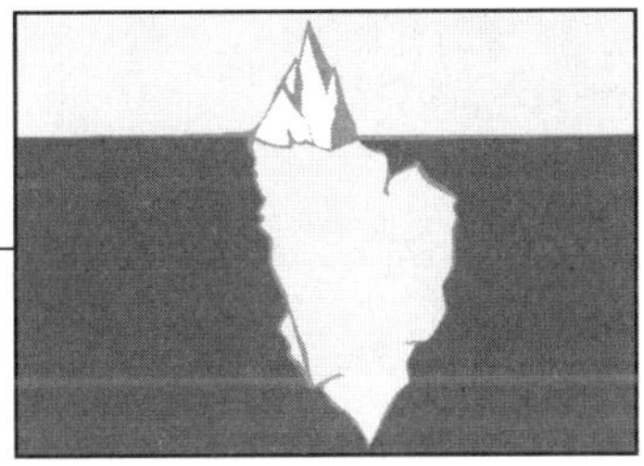

Eine Website ist für eine Firma das wichtigste Kommunikationsmittel. Die Umsetzung einer Website entscheidet, ob diese in den Suchmaschinen gefunden wird und ob Ihr Unternehmen mit Kunden ins Geschäft kommt. Lesen Sie dazu die 10 Tipps aus der Praxis.

Der Autor

Veikko Wünsche

Veikko Wünsche ist Diplom-Informatiker und geschäftsführender Gesellschafter von Lightwerk, einem Fraunhofer Spin-off in Stuttgart. Veikko Wünsche berät Unternehmen, wie mit Web-Technologie Unternehmensziele bestmöglich unterstützt werden: durch die richtige Struktur und Zielgruppenansprache, durch die korrekte Abbildung von Geschäftsprozessen sowie eine saubere technische Umsetzung.

Veikko Wünsche ist zudem Lehrbeauftragter an der Hochschule der Medien in Stuttgart zu den Themen Suchmaschinen-Optimierung und Wertanalyse einer Website. In zahlreichen Vorträgen erläutert Veikko Wünsche launig den Einsatz von TYPO3 (dem lizenzfreien Content-Management-System), Web 2.0 und Social Media im B2B-Umfeld. Mit seinem Programm „Plan M statt Plan B – mit Menschenkenntnis und Anforderungsanalyse zum Erfolg“ macht er seine Kunden mit allerlei Kniffen zu Hellsehern in komplexen Portal-Projekten.

http://www.twitter.com/veikkowuensche

http://www.veikko-wuensche.de

http://www.lightwerk.com

Wie Sie Ihre Website richtig erstellen – 10 Tipps aus der Praxis

Eine Website muss arbeiten – arbeiten für Sie als Firma oder als Organisation. Wenn Ihre Website noch erstellt werden soll oder dringend überarbeitet werden muss, können Sie sich freuen: Denn die Erstellung einer Website ist der beste Zeitpunkt, um eine Website oder Firmenhomepage so umzusetzen, dass diese wirklich für Ihr unternehmerisches Ziel arbeitet. Bei der Erstellung einer Website können Sie die Weichen stellen für Suchmaschinenoptimierung und Struktur des Inhaltes. In diesem Stadium treffen Sie maßgebliche Entscheidungen, die die Folgekosten möglichst gering halten.

Lassen Sie Ihre Website für Ihr unternehmerisches Ziel arbeiten!

Es kommt darauf an, das Richtige zu tun. Ordnen Sie die zu erstellende Website in Ihre Unternehmensstrategie ein! Wie können Sie mit der Website Ihr Ziel am besten erreichen?

Mit den folgenden Tipps sehen Sie, dass es auf mehr ankommt, als nur die aktuelle Web-Technik einzusetzen. Lesen Sie nun, was Sie bei der Erstellung Ihrer Website beachten sollten.

Erste Notizen:

....

....

1. Legen Sie Ihre Marken- und Kommunikationsstrategie fest

Bevor es an die Technik geht, brauchen Sie eine Marken- und Kommunikationsstrategie. Beantworten Sie hierfür folgende Fragen:

Finden Sie heraus, wer Ihre Zielgruppe ist und was diese von Ihrer Website erwartet.

Wer ist Ihre Zielgruppe? In welcher Region befindet sie sich? Wie ist die Sprache Ihrer Zielgruppe? Wie bezeichnet Ihre Zielgruppe Ihr Produkt, Ihre Dienstleistung? Wie sind Suchverhalten und Informationsbedürfnis Ihrer Zielgruppe?

Kommunizieren Sie „merk-würdig“! Wichtig für die Vermarktung Ihrer Website und die Suchmaschinen-Optimierung ist die Internetadresse, die URL (Uniform Resource Locator, deutsch: einheitlicher Quellenanzeiger).

Achten Sie darauf, dass in der URL möglichst nur das steht, was für Ihre Kundenansprache relevant ist – ideal ist der Firmenname mit dem Hauptsuchwort Ihrer Zielgruppe, wie zum Beispiel http://www.firma-keyword.de.

Denken Sie auch daran, dass die wichtigsten Suchbegriffe im Dateinamen stehen. Als Beispiel: http://www.firma-keyword.de/produkte/produktkeyword.html.

Sammeln Sie Gesprächsnotizen, befragen Sie immer wieder Ihre Kunden über ihre Problemwelt und finden Sie heraus, was sie wie im Internet suchen.

2. Websites sind Abenteuer mit drei Klimazonen

Websites sind wie Eisberge. Denn sie zeigen nur zehn Prozent Ihres Volumens an der Oberfläche. Die gefährlichen 90 Prozent – die gierigen Fresser von Zeit und Geld, die Ursachen von Stress und Kommunikationshürden – lauern unsichtbar darunter.

Das Besondere an diesem Eisberg sind die drei Klimazonen, die Sie unbedingt berucksichtigen mussen.

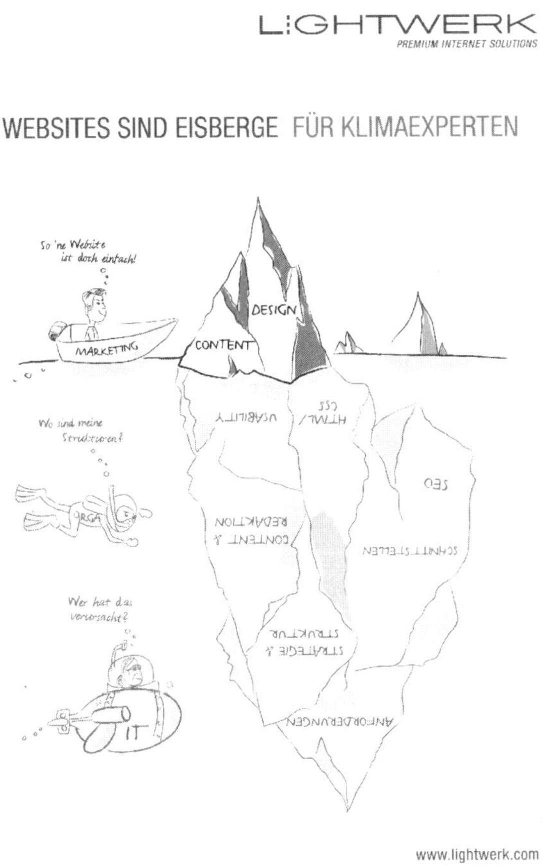

Bei einer Website ist ein großer Teil der Arbeit nicht sichtbar – wie bei einem Eisberg.

Die **Klimazone Marketing** gondelt über die Oberfläche und versucht, mit Content und Design die Kaufgelüste der Zielgruppe zu wecken.

Die **Klimazone Orga** sinniert über die Prozesse gleich unterhalb der Wasseroberfläche: Woher kommt der Inhalt? Wer darf schreiben? Was sind die führenden Systeme? Wo gehen die Bestelldaten hin?

Die **Klimazone IT** ist tief abgetaucht und sieht nur die IT-Struktur und die IT-Strategie.

Alle Klimazonen haben ihre Vorstellung vom Web – nur leider sind diese Vorstellungen meist sehr konträr.

Bei Ihrer Website muss ein Experte die Fäden in der Hand haben.

Ein Beispiel: Ein „ITler" kann eine suchmaschinenoptimierte Website bauen, doch leider sieht man dieser dann auch an, dass hier ein ITler am Werk war. Ein Marketing-Mensch vermag dagegen mit Emotionen den Kaufabschluss der Kunden einzuleiten, doch diese Website ist in Suchmaschinen quasi nicht auffindbar.

Die unterschiedlichen Herangehensweisen und Ziele der drei Klimazonen müssen zusammengebracht werden, damit ein Website-Projekt erfolgreich sein kann. Hierfür ist ein Klimaexperte nötig. Dieser Klimaexperte fühlt sich in allen Klimazonen zu Hause und schafft ganzheitliche Lösungen.

3. Investieren Sie in die Anforderungsanalyse und das Management von Anforderungen

„Ich dachte, das wäre selbstverständlich!" – Die Anforderungen an ein Projekt werden selten klar kommuniziert. Zu spät werden unterschiedliche Erwartungshaltungen von Projektbeteiligten erkannt. Machen Sie sich bewusst: Eine Website ist ein komplexes Projekt!

In drei Schritten zur Planung der Website.

Denn es sind viele unterschiedliche Personengruppen an diesem Projekt beteiligt (denken Sie an die Klimazonen des Eisberges). Die Kunst besteht darin, möglichst viele Anforderungen aller Beteiligten miteinander in Einklang zu bringen. Gehen Sie in drei Schritten vor:

Business-Case

Schreiben Sie im Business-Case auf – und zwar losgelöst von der Technik –, worum es Ihnen geht. Was soll Ihre Website genau leisten? Was sind die realistischen Abschätzungen für Zeit und Budget? Bitte beachten Sie auch: Das Ergebnis eines Business-Case kann auch sein, dass die Realisierung einer Website (noch) nicht sinnvoll ist. Konzentrieren Sie sich hier auf das Wesentliche. Umfang: circa vier bis zehn Seiten.

Lastenheft

Schreiben Sie nun im Lastenheft technikfrei im Detail die Anforderungen an die neue Website auf. Konzentrieren Sie sich dabei ganz auf Ihr Business. Womit wollen Sie Geld verdienen? Wie möchten Sie Kosten sparen? Im Vergleich zum Business-Case ist das Lastenheft umfangreicher, legt aber immer noch den Fokus auf Ihr Business. Umfang: circa 15 bis 50 Seiten.

Pflichtenheft

Im Pflichtenheft definieren Sie den technischen Bauplan als „technische Antwort" auf die Anforderungen im Lastenheft. Hier sehen Sie den konkreten Aufwand und die Risiken der Realisierung Ihrer Website. Prüfen Sie ständig, ob eine Anforderung nicht doch verändert werden kann, um die Realisierung zu vereinfachen. Umfang: circa 30 bis 100 Seiten

Holen Sie sich für Business-Case, Lastenheft und Pflichtenheft einen externen Berater ins Haus. Lassen Sie diese drei Schritte vielleicht sogar komplett von einem speziellen Dienstleister durchführen. Der Grund: Sie legen hiermit den Grundstein für Ihre Website, mit der Sie die nächsten Jahre im Web präsent sein wollen. Und dafür braucht es möglichst viel Erfahrung.

Externe Berater verfügen über viel Erfahrung in der Erstellung von Websites.

Ein externer Berater kann mit geschultem Auge Ihr Business von außen betrachten. Dank seiner Erfahrungen kann er neue Impulse und Ansätze in das Projekt einbringen, die Sie als „Betriebsblinder" nur schwer erkennen können. Beim Web-Projekt geht es darum, dass die Möglichkeiten der Technik möglichst clever mit den Anforderungen zusammengebracht werden.

Nach der Erstellung von Business-Case, Lasten- und Pflichtenheft ist das kontinuierliche Management der Anforderungen unerlässlich. Denn die Anforderungen werden sich sicher ändern, sobald die ersten Ergebnisse zu sehen sind.

Was darf bei Ihrer Website nicht passieren?

Für die Anforderungsanalyse gibt es viele Ansätze. Die einfachste und zugleich wirkungsvollste Methode für mich ist das Brainstorming paradox: Fragen Sie, was alles **nicht** gehen soll oder nicht passieren darf. Sie werden sehen: So einfach haben Sie noch nie Anforderungen zusammengetragen.

4. Erstellen Sie wirkungsvollen Content für Ihre Website

Sie brauchen Inhalt auf Ihrer Website. Schreiben an sich ist schon nicht jedermanns Sache, und zudem müssen zwei konträre Ziele unterstützt werden:

Text für Suchmaschinen, das heißt Text mit den richtigen Begriffen entsprechend ausschweifend erklärt und technisch gut strukturiert.

Der Inhalt Ihrer Website muss Kunden und Suchmaschinen ansprechen.

Text für Menschen, das heißt Text, der sich auf das Wesentliche, auf die Problematik Ihrer Zielgruppe konzentriert und zu einer Conversion, zum Beispiel einer Kunden-anfrage, führt.

Neben den Texten sind die Struktur der Web-Dokumente und die Navigationsnamen besonders wichtig. Dies gilt für beide Gruppen: Mensch und Suchmaschine.

Strukturieren Sie Ihre Texte so, dass möglichst wenige Redundanzen entstehen, und beziehen Sie möglichst viele potenzielle Anwender in die Erstellung mit ein. Finden Sie heraus, wann und wie Sie am besten schreiben können.

5. Mit Usability zum intuitiven Web

„Bring mich nicht zum Nachdenken!“ – Das sollten Sie ständig stellvertretend für Ihre Website-Besucher vor sich hinmurmeln.

Denn im Bereich Usability erreichen Sie das meiste schon mit gesundem Menschenverstand. Noch ein paar Kniffe mehr:

„Benennen Sie Funktionen so wie Ihre Anwender. Kommen Sie lieber ins Geschäft, als exakt zu sein.“

- Versuchen Sie zu verhindern, dass beim Besuch Ihrer Website Fragen entstehen. Denn diese ungewollte kognitive Leistung kostet Zeit und ist anstrengend. Eine Website ist dann gut, wenn der Nutzer gar nicht weiß, wie und warum er genau die gesuchte Information so schnell fand.

Beim Besuch Ihrer Website sollten keine Fragen offen bleiben.

- Verwenden Sie Muster (Patterns), die die Internet-Nutzer schon kennen, und erfinden Sie diese nicht neu; wie zum Beispiel das Suchfeld. Wenn Sie ein Textfeld mit einem Button „Suchen“ daneben sehen, wissen Sie sofort. „Ah, hier kann ich suchen.“
- Auch wenn es Ihnen vielleicht nicht exakt und wissenschaftlich genug ist: Nennen Sie Funktionen und Navigationspunkte so wie Ihre Anwender. Kommen Sie lieber ins Geschäft, als exakt zu sein.

6. Mit Arbeit zur schlüssigen Struktur

Neben den Texten sind die Struktur der Web-Dokumente und die Navigationsnamen besonders wichtig.

Die Website braucht Struktur – und das ist gar nicht so einfach. Gehen Sie so vor:

- Sammeln Sie mit Brainstorming und einem Mind-Mapping-Tool alle Informationen, die Sie online bringen wollen – zunächst noch unstrukturiert.

- Definieren Sie die Zugänge zu den Informationen, die sogenannten Sichten, die für Ihre Zielgruppe wichtig sind. Als Sichten eignen sich beispielsweise: Branchen, Technologie oder Anwendungsbereich.
- Ordnen Sie alle Informationen in diese Struktur ein. Hierbei ist es besonders wichtig, dass Sie dabei noch nicht an die Umsetzung denken. Das Ergebnis der Struktur muss eine schöne klare, nicht redundante Baumstruktur sein.
- Definieren Sie die Aufteilung der Seitentypen Ihrer Website, die sogenannten Templates. In den Templates greifen Sie nun auf die in den vorhergehenden Schritten definierte Struktur zurück und ziehen in der Website die Informationen so zusammen, wie Sie es benötigen.

7. Realisierung der Website – aber richtig!

Nach der ganzen Vorarbeit kann es nun an die Realisierung gehen. Sie brauchen auf jeden Fall ein CMS (Content-Management-System).

Kostenlose Programme sind eine starke Alternative.

Davon gibt es viele, und „Ihr“ CMS sollte gut ausgewählt werden. Neben proprietären und kostenpflichtigen CMS gibt es starke Alternativen als Open-Source-Software. Die Vorteile von Open-Source-Software sind: keine Lizenzkosten und keine Abhängigkeit von Hersteller und Agentur. Insbesondere in Deutschland hat sich TYPO3 quasi zum Standard im Unternehmenseinsatz entwickelt.

Wenn Web-Dienstleistung nicht Ihr Business ist, lassen Sie Ihre Website lieber von einer erfahrenen Agentur erstellen. Gehen Sie davon aus, dass ein Entwickler mehr als drei Jahre Praxis braucht, um sein Handwerk gut zu verstehen – Websites sind komplexe Projekte, die nicht durch eine Person allein abgedeckt werden können.

Wenn es um den Betrieb des Webservers (das Hosting) geht, macht es heute nur selten Sinn, dies selbst zu übernehmen. Bitten Sie Ihre Agentur, dies zu organisieren. Ihre Agentur kauft das Hosting zwar auch nur ein, kümmert sich aber um alle Belange.

8. Schulung der Redakteure lässt Ihre Website leben

Ihre neue Website ist nun online! Nach und nach kommen jedoch die ersten Änderungen und der Text muss angepasst werden.

Neue Produkte, neue Dienstleistungen, Stellenausschreibungen, Messeauftritte, Fachinformationen und, und, und. Redakteure müssen schreiben können: im Sinne Ihres Unternehmens, für Ihre Zielgruppe und für die Suchmaschine

Redakteure oder Texter sollten von Anfang an einbezogen werden.

Beziehen Sie die Redakteure bereits zu Beginn des Projektes mit ein und berücksichtigen Sie auch deren Anforderungen an das CMS und die Website. Der Redakteur soll ja schließlich mit Spaß täglich gute Texte für Ihre Website schreiben und diese für die Suchmaschinen optimieren.

9. Die Welt soll nun wissen: Ihre neue Website ist online!

Natürlich erzählen Sie allen von Ihrer neuen Website, mit denen Sie in Kontakt sind. Wirkungsvoller ist die Verbreitung der Nachricht im Internet.

Zum einen informieren Sie, dass Ihre neue Website nun online ist, und zum anderen schaffen Sie damit Links zu Ihrer Website, was sehr wichtig für die Suchmaschinen-Optimierung ist. So gehen Sie am besten vor:

Pressemeldungen ziehen Besucher auf Ihre Website.

- Schreiben Sie Pressemitteilungen, die Sie über die vielen

Portale für Pressemitteilungen veröffentlichen – natürlich mit einem Link zu Ihrer Website.

- Nutzen Sie Social Media: Twitter, YouTube, Blog, ...
- Tragen Sie sich in den wichtigsten Bookmark-Diensten ein.
- Fügen Sie den Link zu Ihrer Website in allen Dokumenten ein: Print und elektronisch. Auch in PDF-Dokumenten können Sie klickbare Links integrieren, genauso wie in Ihrer E-Mail-Signatur.

10. Wer misst und optimiert, wird besser

Nun haben Sie und Ihr Dienstleister Ihr ganzes Wissen in die Website gesteckt. Was wirklich passiert und wie die Website tatsächlich ankommt, kann jedoch keiner vorab sicher wissen.

Analysieren Sie, wie die Nutzer auf Ihre Website stoßen.

Deshalb müssen Sie messen: Analysieren Sie mit einem Tool die Web-Statisitk:

- Von welchen Websites kommen die Nutzer? – So finden Sie wirkungsvolle Referenzen heraus.
- Mit welchen Suchbegriffen kommen die Nutzer über Suchmaschinen? – So sehen Sie, ob wirklich alle relevanten Suchbegriffe schon dabei sind.

Die 5 häufigsten Fehler

Fünf häufige Fehler, die den Wirkungsgrad einer Website reduzieren

- **Das Jetzt-sofort-online-gehen-Wollen**

Website-Projekte liegen in Unternehmen manchmal jahrelang auf Eis. Plötzlich steht jedoch eine Messe ins Haus und der Wettbewerb wird aktiv, sodass eine neue Website die Rettung sein soll. Auch wenn der Wunsch, schnell mit einer neuen Website online zu gehen, groß ist, beherzigen Sie die oben genannten 10 Tipps. Gehen Sie lieber richtig vor, denn nur das ist nachhaltig.

- **Unnötige Aufblähung der Komplexität**

Jetzt haben Sie die Chance, eine neue Website zu realisieren. Glückwunsch, diese Chance werden Sie nicht oft haben! Sie wollen es nun sicher richtig machen und gleich möglichst viel umsetzen. Dabei definiert man schnell ein komplexes System mit einem unguten Aufwand- und Nutzenverhältnis. Fragen Sie sich immer: Was braucht es jetzt wirklich für Ihr Business? Was muss die Website als Nächstes wirklich können – und das richtig gut?

- **Zu wenig oder zu viel Social Media**

Ständig gibt es neue Trends im Internet und es bieten sich neue Möglichkeiten, eine Website zu vermarkten oder Profile anzulegen. Überlegen Sie sehr genau, ob und wie Twitter, YouTube, Blog und die vielen anderen Möglichkeiten Sie Ihrem Ziel wirklich näher bringen. Als Orientierung: Im B2C-Umfeld ist Social Media wesentlich relevanter als im B2B-Umfeld.

- **Keine erfahrene Internetagentur**

Jeder nutzt das Web als Anwender, und zum Glück ist das recht einfach. Aber damit es für Ihre Kunden auf Ihrer Website ebenso einfach wird, brauchen Sie eine erfahrene Internetagentur, die Ihre Website realisiert. Wenn Sie trotzdem viel selbst machen wollen: Viele Agenturen lassen sich über die Schulter schauen und definieren mit Ihnen Arbeitspakete, die Sie selbst umsetzen können. Unterschätzen Sie auch bei „normalen" Web-Projekten nicht die Komplexität und denken Sie an den Eisberg mit seinen Klimazonen.

- **Inhalt ins Web kopieren**

Ja, Texten ist zeitaufwendig. Aber kopieren Sie trotzdem nicht einfach vorhandene Texte ungeprüft ins Internet, denn damit erreichen Sie weder ein gutes Ranking in den Suchmaschinen noch begeistern Sie die Besucher auf

Ihrer Website. Investieren Sie Zeit in einen guten Text. Gönnen Sie sich ein Texter-Seminar. Und betrachten Sie Ihre Website zunehmend als führendes und schnelles Medium.

Literatur

Krug, Steve (2006): Don't make me think! Web Usability: Das intuitive Web. Frechen: mitp-Verlag.

Rupp, Chris (2010): Requirements-Engineering und -Management. Professionelle, iterative Anforderungsanalyse für die Praxis. München: Hanser Fachbuchverlag.

Maeda, John (2009): Simplicity. Die zehn Gesetze der Einfachheit. München: Elsevier Verlag.

Ihre Notizen:

....

....

Stefan Gottschling

Texten im Internet: Wie Sie den Wettbewerbsfaktor Sprache im Netz für sich nutzen

Texte im Netz „ticken“ anders. Weil Besucher sofort wissen wollen, worum es geht. Weil nicht mehr der Texter, sondern die Leser den Weg der Informationsaufnahme vorgeben. Doch Informationen nach Gusto müssen klug konzipiert werden, schnelle Texte kurz und präzise sein und Headlines in 3 Wörtern den Kern treffen. Und dann ist da neben dem Leser noch eine zweite Zielgruppe: die Suchmaschine …

Der Autor

Stefan Gottschling

Stefan Gottschling ist erfahrener Fachautor, Direktmarketer und Texter aus Leidenschaft. Der studierte Pädagoge, Germanist und Direkt-Marketing-Fachwirt (BAW) hat rund 20 Jahre Erfahrung im Direktmarketing.

Er war Texter und Kreativchef eines großen Fachverlags, Geschäftsführer einer Print- und Multimedia-Agentur (Deutscher PR-Preis) und ist Vorstand des Instituts für messbare Werbung und Verkauf. Er gilt als der Spezialist für verkaufsstarke Texte und Konzepte in Deutschland.

Heute ist sein beruflicher Schwerpunkt die Geschäftsführung seiner Textakademie und die Leitung des SGV Verlags. Er berät zahlreiche Unternehmen und bildet Texter, Journalisten und Marketingprofis aus. Viele Tausend begeisterte Zuhörer haben seine Texterseminare besucht.

Im Institut für messbare Werbung und Verkauf in Klagenfurt beschäftigt er sich u. a. mit Verständlichkeitsforschung und entwickelt neue Ansätze, um Response- und Dialogqualität zu messen. Gottschling lebt mit Frau, Hunden, Katzen und vielen Büchern in Augsburg.

Texten im Internet: Wie Sie den Wettbewerbsfaktor Sprache im Netz für sich nutzen ...

Welche Rolle spielen Texte im Internet? Schreibt man im Internet anders? Ja und nein.

Ja, weil Geschwindigkeit bei der Info-Aufnahme eine wesentliche Rolle spielt und uns zwingt, Informationen anders zu präsentieren. Nein, weil auch im Internet ein klarer deutscher Satz ein klarer Satz bleibt. Wenn sich auch die Frage stellt, wann man denn noch ganze Sätze schreibt. Doch man schreibt sie. Und es gibt genügend Gelegenheit dazu. Schon mit dem ersten Klick von einer Portalseite auf die nächste Ebene beginnt die große Chance des Internettextes: einen Leser zu fesseln, zu faszinieren und interessengeleitet in Themen zu „verwickeln".

Eine Besonderheit beeinflusst den Internettext jedoch mehr als alles andere: Webtexte haben neben dem Besucher der Website immer eine zweite Zielgruppe: die Suchmaschine. Deshalb hat die veränderte Präsentation von Informationen im Internet ganz wesentlich mit der Frage zu tun: „Wie signalisiere ich schnellstmöglich Relevanz für meine Schlüsselthemen?" Durch die sorgfältige Konzeption von Landing Pages und natürlich durch die richtige Auswahl und Platzierung von Keywords. Es geht um zielgruppenorientierte *und* Google-orientierte Zugänge zu Web-Informationen. Doch wie stellt man sich textlich darauf ein?

Für Angebote im Netz gilt nach wie vor: Wer eine Reaktion auslösen will, muss dorthinführen – ob Ihr Ziel nun der Kauf oder das „Weiterlesen" ist. Durch klar erkennbare Inhalte, klares Design, klare Struktur und in einer Sprache, die ein Leser versteht.

Was dabei besonders wichtig ist, verrät Ihnen dieses Kapitel.

1. Das größte Vorurteil von allen: Texte im Internet werden nicht gelesen

Stimmt nicht und stimmt doch. Texte im Internet lesen wir nicht sofort.

Bei der ersten Begegnung überfliegen wir eine Webseite, suchen „Informationshappen“, schnell Verwertbares. Wird unser Interesse geweckt, beginnt eine intensivere Beschäftigung. Spätestens nach dem ersten Klick lesen wir interessengeleitet.

Texte im Internet werden zunächst nicht gelesen: Wir überfliegen sie nur.

Das Leseverhalten im Internet ist anders als bei gedruckten Texten. Texte im Internet liest man – zunächst – tatsächlich nicht, sondern überfliegt Webseiten beim ersten Kontakt. Zeitdauer pro Homepage bis zum ersten Klick: ca. 7 Sekunden. Wir scannen, was wir sehen, immer auf der Suche nach Schlüsselwörtern und Hinweisen, die dann – bei Interesse – per Klick in den Text hineinziehen.

Vier Fragen müssen in dieser ersten Phase beantwortet werden: Wo bin ich? Wie navigiere ich? Was ist interessant? Was kann ich tun? Wesentliche Informationen müssen hier schon schnell und leicht erfassbar sein und sollten signalisieren: „Ich bin lesenswert.“ Wir lesen also interessengeleitet, und es ist ganz entscheidend, ob ein Texter genug getan hat, um dieses Interesse wachzukitzeln. Durch die Platzierung von Schlüsselwörtern, ansprechenden Headlines, Headline-Text-Strukturen, Bulletpoints anstatt langer Sätze und durch packende Anreißertexte.

Zunächst geht es also um den ersten Klick. Auf einen Link oder das „Mehr“ nach einem packenden Anreißer. Hat ein Besucher erst einmal geklickt, will er mehr wissen. Jetzt lesen wir tatsächlich. Über weitere Ebenen hinweg, wenn der Text fesselt. Auch Langtext. Allerdings noch immer langsamer als auf einem Blatt Papier, denn Lesen am Bildschirm macht Mühe. Während wir bei normaler Lesegeschwindigkeit ca. 250 Wörter pro Minute aufnehmen, sind wir jetzt ein gutes Drittel langsamer. Deshalb sollten Sie für lange Lesetexte – und so machen das viele

Zeitschriften in Ihren Web-Auftritten – nach wie vor den Ausdruck anbieten.

„Auch im Netz gilt: Nehmen Sie Ihren Leser mit und sprechen Sie ihn direkt an."

Trotz dieser Empfehlung stellt uns das Internet natürlich immer wieder vor die Frage, wo denn eigentlich noch lange Sätze angebracht sind. Für die erste Ebene gilt: Homepages haben heute vorwiegend aktivierende Funktion. Sorgen für Orientierung. Und deshalb hat man hier langen Lesetext zu Gunsten aktivierender Kurztexte weitgehend aufgegeben. Hier muss es eben schnell gehen und ein Besucher zum Weiterlesen motiviert werden. Echter Lesetext beginnt immer auf der 2. Ebene – mit der Chance, den Leser weiter in ein Thema zu „verwickeln".

2. Ordnung gefällig? Es gilt links vor rechts, oben vor unten, und wir nehmen nicht den besten, sondern den erstbesten Link ...

Wie verteilt man Text nach Prioritäten auf einer Internetseite? Wie ordnen Sie Informationen richtig an? Wer sich im Internet an den natürlichen Blickverläufen orientiert, liegt ganz richtig.

So ordnen Sie Ihre Internettexte nach Prioritäten.

Welcher Text kommt zuerst auf einer Internetseite? Wohin stellt man die wichtigste Information? Eine einfache Regel hilft, wenn es um die Anordnung von Informationen geht. Merken Sie sich einfach: links vor rechts, oben vor unten. Die Gründe: Auch im Internet lesen und schauen wir von links nach rechts, von oben nach unten. Deshalb finden Sie in der linken oberen Ecke oft die größten Bilder oder das Firmenlogo. Gleichzeitig gilt: Was in den Scroll-Bereich einer Seite gerät, hat bis zu 90 Prozent weniger Kontaktwahrscheinlichkeit. Das haben Sie nun selten in der Hand, denn dafür ausschlaggebend ist die Bildschirmauflösung Ihres Anwenders. Doch auch Zeitschriften, die traditionell lange Homepages haben, achten darauf, verkaufsaktive Elemente wie die Bestellung des Probe-Abonnements im oberen Bereich anzusiedeln. Ebenfalls typisch für lange Seiten: Anreißerlinks im oberen Bereich verlinken zu Themen im unteren Bereich der Scrollseite.

Wenn es um die Anordnung Ihrer Anschreiber im Portal geht, ist also klar: der wichtigste steht links oben, der Text mit Priorität zwei rechts davon, Text Nummer drei folgt links unten usw. Selbstverständlich setzen Sie weitere Schwerpunkte durch die Länge der Anschreiber, durch die Länge der Headlines, durch den Einsatz von Bildern.

Wenn wir per Verlinkung tiefer in ein Thema einsteigen, geht das sehr schnell: Wir klicken auf den ersten Link, der uns anspricht. Wir lesen also nicht alle Anschreibertexte und Links, um uns dann für den ansprechendsten zu entscheiden. Es geht um Geschwindigkeit! Deshalb nehmen wir selten den besten, sondern den erstbesten Link. Ein weiterer Grund, warum Informationen mit Priorität eins ganz oben platziert sein müssen.

3. Setzen Sie auf das Pralinen-Schachtel-Phänomen oder paralleles Erzählen und die totale Leserorientierung

Website-Besucher machen, was sie wollen! Denn nicht mehr der Schreiber gibt den Weg vor, sondern der Leser erschließt sich Informationen nach Gusto.

Internetsurfer wollen sofort wissen, worum es geht.

Texte im Netz ticken anders. Weil Besucher sofort wissen wollen, worum es geht, weil nicht mehr der Schreiber, sondern der Leser den Weg der Informationsaufnahme vorgibt. Das ist ein fundamentaler Unterschied zu gedruckten Texten. Richtig gute Webtexter denken sich in ihre Leser hinein und sehen voraus, welche unterschiedlichen Wege sie „in den Inhalt“ nehmen. Dramaturgie ist out, Konzeption ist in. Lineares Schreiben, der Aufbau eines Textes vom Einstieg bis zum Schluss, Absatz für Absatz, Argument für Argument, aufgereiht wie die Perlen einer Kette ist Print. Und out im Netz.

Die eigentliche Sensation am Internet ist die Tatsache, dass sich lineare Erzählstrukturen nun auflösen. Führen – nur noch bedingt ist das möglich. Jetzt erzählen wir parallel. Wir brauchen immer noch die stärksten Informationen zuerst. Um den Leser an die Hand zu nehmen, um so schnell es geht Interesse aufzubauen. Doch viele „Informationshappen" liegen bereit. Konsumiert wird nach Gusto des Users. Die Struktur ähnelt nicht mehr der Perlenkette, sondern eher dem Aufbau einer Pralinenschachtel aus mehreren Schichten. Viele süße Stücke ergeben zusammen das süße Ganze. Doch der eine mag lieber Marzipan, der andere lieber Krokant. Der eine isst Schicht für Schicht jedes Marzipan-Praliné, der andere komplett die erste Lage. Wie sieht also der Bauplan Ihrer Pralinenschachtel aus – und haben Sie überhaupt schon bedacht, Ihre Inhalte in „süße Stücke" zu zerteilen?

! Zusammenfassung

Stichwort „erlebbarer Content":

Überlegen Sie nicht nur, welche Informationshappen Sie Ihren Lesern präsentieren. Zu den süßen Stücken der Pralinenschachtel gehört „erlebbarer Inhalt". Und der ist immer konkret: Im Print lesen wir, in welchen Farben und Ausstattungsvarianten ein Pkw zu haben ist. Im Internet wollen wir unser Wunschmodell konfigurieren und in unterschiedlichen Lackierungen und Ausstattungen ansehen. Im Printbeitrag über Ernährung lesen wir, dass man per Formel das Idealgewicht errechnen kann. Im Internet verlinken Sie zum konkreten Idealgewicht-Rechner.

4. Die wichtigsten Baupläne für Webcontent. Denn drauflosschreiben ist out. Nun konzipieren Sie die Textfolge …

Wie geht's weiter? Wie kommt man von einem Text in den nächsten?

Es gibt Baupläne, die das Texten im Internet deutlich

erleichtern. Zunächst haben wir einen „Grundtext". Das ist eine Hauptinformation oder ein „Neugierig-Macher". Zum Beispiel ein Anschreiber auf einer Portalseite. Der hat nun vielleicht 400 Zeichen. Aus diesem Anschreiber geht´s auf den folgenden Wegen weiter …

Diese vier Modelle liefern eine schnelle Struktur – einfach und übersichtlich.

Modell 1: Sie verlinken über „mehr" oder „weiter". Der Klassiker. Nach einem Anschreiber geht´s über „mehr" oder „weiter" in die nächste Ebene. Das funktioniert. Noch besser allerdings, wenn solche Floskeln an den Kontext angepasst werden und konkret führen: „Zum Traumhaus", „Zur Buchung", „Wie das geht?"

Modell 2: Sie verlinken direkt im Text: Gerade bei längeren Anschreibern oder auf den folgenden Ebenen geht´s direkt aus dem Text weiter. Ihr Besucher hangelt sich nun interessengeleitet durch Ihren Internet-Auftritt. Besonders wichtig: eine Konzeption, die mögliche Wege vorab berücksichtigt. Problem: Zu viele Links in kurzen Texten lassen einen Text schnell überladen wirken. Hier ist besser …

Modell 3: Sie nutzen Anreißerlinks unter Ihrem Textblock. Wie Modell 2, doch bieten Anreißerlinks unter dem Text einen klaren Vorteil. Hier lassen sich viele weiterführende Themen abbilden, ohne das Auge des Lesers im Text zu verwirren. Übrigens wendet man dieses Modell nicht nur an, um weitere Ebenen zu erreichen. Auch auf Scrollseiten oder in textbasierten Newslettern führen Anreißerlinks in die im Scrollbereich liegenden Kurztexte derselben Seite.

Modell 4: Mehrere Textblöcke hintereinander sind über Reiter erreichbar. Eine schnelle Textstruktur aus den Online-Shops. Hier ist man dazu übergegangen, wichtige Informationen nicht mehr in tiefere Ebenen zu verlegen, sondern mehrere Kurztexte über Reiter zugänglich zu machen. So hat ein kurzer Produkttext beispielsweise drei bis vier Reiter wie „Material", „Technik", „Design".

Selbstverständlich bestehen neben diesen Grundmodellen weitere Modelle, Text zu verteilen. Zum Beispiel diverse Mischformen. Oder die Headline als Link, wenn die Anschreiber besonders kurz sind, und, und, und. Trotzdem sollen diese Grundmodelle eine erste Orientierung für die Textverteilung geben.

5. Satz oder nicht? Wie bereitet man Texte auf? Was wirkt auf welcher Ebene?

Ein paar Eckdaten zu verständlichen Texten im Internet: Texten heißt führen. Ganz besonders im Internet. Durch sichtbare Struktur, klickbare Aktion und verständliche Sprache.

Doch wie erreicht man Verständlichkeit, wenn gar nicht klar ist, wo Satzfragmente und wo ganze Sätze stehen?

Nehmen Sie Ihren Leser an die Hand – mit Hilfe von konsequenten Strukturelementen.

Texten für das Internet hat viel mit dem Texten für das Dialogmarketing gemeinsam. Denn hier wie dort geht es um Führung. Im Internet um Führung in die nächste Ebene, zum nächsten Klick in den nächsten Link, zur Bestellung im Shop. Wie im richtigen Leben brauchen wir Gründe, um uns mit weiterführenden Informationen zu beschäftigen. Gründe wie: Angst oder Druck, Neugier, Vorteile, oder wir erkennen Bekanntes (wie Schlüsselwörter). Diese psychologischen Motive motivieren für den nächsten Klick, motivieren zum Lesen von Texten und Headlines – wie auch in anderen Medien. Sie müssen nur schneller vermittelt werden. Durch sofort erfassbare Strukturen auf der ersten Kontaktebene einer Website. Und die schaffen Sie durch

- konsequente Headline-Text-Strukturen,
- das Zerbrechen langer Sätze in Aufzählungen wie diese,
- fettgedruckte Hervorhebungen im Text,
- klare Absätze auch in längeren Textblöcken (Tipp: max. 7 Zeilen),
- konsequente Begrenzung der Zeilenlänge (max. ca. 40 Zeichen) und mehrspaltigen Aufbau.

Verständlich texten auf der ersten Ebene heißt: Sie schreiben kurze Sätze oder Satzfragmente, nutzen kurze Headlines und Anreißerlinks, die vollständige Informationen bieten. Ist das Interesse eines Besuchers geweckt, liest er auf den nächsten Ebene auch längere Texte. Doch bleiben Sie auch hier kurz und prägnant. Einige Eckdaten für die Leseebenen:

Textertipp fürs Internet: Schreiben Sie kurz, prägnant und verständlich.

Zielen Sie auf eine Satzlänge von 9 bis 14 Wörtern. Der 14-Wort-Satz bezeichnet die sogenannte Obergrenze für gesprochene Texte, 9 Wörter im Satz markieren die „Obergrenze der optimalen Verständlichkeit".

Meiden Sie Wortmonster. „Tapeziertischoberflächen" sind Lesebremsen. Orientieren Sie sich an einer durchschnittlichen Wortlänge von 2 Silben in Ihren Texten. Und schreiben Sie im Verbalstil. Packen Sie Verben nach vorn, damit jeder Satz schnell verrät, worum es geht. Streichen Sie Hilfsverben wo immer möglich und achten Sie sorgfältig auf Ihren Ton! Zu langes Herumgerede bremst und ist gerade im Internet unpassend. Deshalb: Emotion ja, natürlich je nach Ziel und Zielgruppe, aber bloß keine Floskeln und allzu pädagogischen Formulierungen wie „sicher wissen auch Sie" usw.

Führen heißt auch: Nehmen Sie Ihren Leser mit und sprechen Sie ihn direkt an. Es sei denn, Sie sind ein Nachrichtenmagazin und bleiben in Ihren Meldungen dem journalistischen Diktat des Faktischen verpflichtet. Denken Sie daran: Auch im Internet gibt es gutes und schlechtes Deutsch. Und auch im Internet ist Sprache ein Wettbewerbsfaktor und verrät immer auch etwas über das schreibende Unternehmen. Wirken Sie also nicht umständlich, altmodisch und langatmig, sondern kommen Sie auf den Punkt und schreiben Sie kurz, präzise und verständlich.

6. Texten im Internet fängt im Quelltext an. Mit Title und Description

Ein Texter im Internet schreibt nicht nur für menschliche Besucher, sondern auch für Google und Co. Das beeinflusst den Text an zahlreichen Stellen. Besonders wichtig: Title und Description oder das, was die Suchmaschine Google in der Trefferliste anzeigt.

Ihre zweite wichtige Zielgruppe im Internet: die Suchmaschine.

Neben dem Leser hat der Internet-Autor noch eine zweite „Zielgruppe“: die Suchmaschine, zuallererst Google. Denn sie entscheidet, welche Bedeutung (oder Relevanz) Ihr Auftritt für die möglichen Leser hat – und damit auch über eine Platzierung in den Trefferlisten.

Deshalb fängt Texten für das Internet eigentlich bereits im Quelltext an. Title- und Description-Tag zeigen, was kommt. Der Title gibt der Suchmaschine per Keyword einen konkreten Hinweis, was auf einer Seite zu finden ist, und ist wie eine Zusammenfassung oder Headline getextet. In sieben Wörtern oder ca. 70 Zeichen (maximal 80 sind möglich, allerdings stellt Google etwa 65 bis 70 Zeichen dar). Er erscheint als Überschrift in der Trefferliste und – falls die Seite geöffnet wird – links oben in Ihrem Webbrowser. Deshalb ist es so wichtig, jeder Seite einen Titel zu geben. Schade, wenn ein Besucher da immer dasselbe sieht. Und schlecht für Ihr Ranking.

Der Description-Tag beschreibt in ca. 200 Zeichen, was den Leser auf einer Seite erwartet. Nehmen Sie hier das Schlüsselwort aus dem Title-Tag gleich zu Beginn auf. Und beschreiben Sie klar und kurz, was auf der Seite zu finden ist. Das freut Mensch und Suchmaschine. Vergessen Sie dieses Element, liest Google selbst die ersten Wörter einer Seite ein.

Denken Sie daran: Jede Internetseite benötigt einen eigenen Titel und eine eigene, aussagefähige Description.

7. Keyword-orientiertes Schreiben: Verzichten Sie lieber auf ein wenig Abwechslung

Wenn Sie eine Seite Ihres Internet-Auftritts optimieren, optimieren Sie für das Keyword, nicht für möglichst viele Varianten.

Wie Sie im Internet mit Keywords und Synonymen richtig umgehen.

Wer für Printmedien schreibt, hat sich nicht nur einige Länge angewöhnt, sondern befolgt meistens mehr oder weniger intuitive Regeln „guten Schreibens". Zum Beispiel: Abwechslungsreich soll ein Text sein, nicht zu viele Wiederholungen bieten. All das ist Unsinn, wenn es im Internet um die Positionierung Ihrer Keywords geht. Denn nun schreiben Sie für eine Suchmaschine. Und die sucht nur Ihr Keyword – nicht die 30 abwechslungsreichen Varianten, die Ihnen in einem Brainstorming eingefallen sind. Keywords sind immer gleich, und immer gleich will sie die Suchmaschine auch auf Ihrer Internetseite finden. Also Videoworkshop, wenn das Ihr Keyword ist. Nicht Videoseminar, Videotreff oder Videowerkstatt wie vielleicht in Ihren Printunterlagen. Trotzdem ist es wichtig, bei der Entwicklung von Keywords auch an Synonyme als weitere Keywords zu denken. Wichtigste Frage: Wie würde Ihre Zielgruppe suchen?

Übrigens: Schlüsselwörter gehören unbedingt in den Texteinstieg. Denn Wichtiges steht oben – das gilt für Leser und Suchmaschine. Für den Textverlauf gilt: Dosieren Sie richtig: Maximal 3-5 Prozent des Textes pro Seite dürfen Schlüsselwörter belegen. Mehr gilt als Keyword-Stuffing und wird bei Google als Manipulationsversuch gewertet.

8. Headlines: Schreiben Sie 3-Wort-Wunder …

Etwa 3-4 Wörter passen in einen Augenhaltepunkt hinein. Damit Headlines und Links schnell im Kopf des Lesers ankommen, sollten diese 3-4 Wörter verraten, worum es im Folgenden geht.

Texte im Internet müssen schnell im Kopf des Lesers ankommen. Das gilt besonders für Headlines und Links. Entscheidend: die ersten drei Wörter. Egal wo Ihre Headline oder ein Link steht. Das hat zunächst einmal mit Geschwindigkeit zu tun. Doch auch der typische Blickverlauf auf textbasierten Webseiten oder in textbasierten E-Mail-Newslettern verlangt kurze Headlines. Denn hier bleibt das Auge beim ersten Scan der Seite vorwiegend am linken Rand und rast dort von oben nach unten. Von einer F-Struktur spricht Usability-Guru Jacob Nielsen oder Google, denn nur noch im oberen Bereich schauen wir überhaupt Zeilen an. Doch wenn das Auge am linken Rand bleibt, sehen wir nur, was in die Breite eines Augenhaltepunktes hineinpasst. Eben drei bis vier Wörter. Überprüfen Sie also einmal Ihre Headlines. Funktionieren sie?

Beispiele für Headline-Text-Strukturen.

Falsch:

„10 goldene Regeln für seniorengerechtes Online-Marketing"

Richtig (je nach Keyword oder wichtigstem Aspekt):

„Online-Marketing für Senioren: 10 goldene Regeln" oder
„Seniorengerechtes Online-Marketing: 10 goldene Regeln"

Nützlich, um Keywords zu platzieren: die Doppelpunkt- oder Bindestrich-Technik. Hier wird vor die eigentliche Headline das Keyword gesetzt:

„Texterseminare: Schnell Profitexter werden ..."

Ebenfalls gut für Leser und Suchmaschine geeignet: Kombinationen aus Hinführung (Overhead) und Headline:

„Geräte-Check
Was 3-D-Fernseher wirklich taugen" (Spiegel Online)

! Zusammenfassung

> Denken Sie daran: Headlines sind für Suchmaschinen wichtig. Ein „Herzlich willkommen" bringt da recht wenig. Ersetzen Sie also „Herzlich willkommen" und Ähnliches durch zentrale Schlüsselbegriffe wie oben beschrieben.

9. *Den* Einstieg in eine Website gibt es nicht. Es gibt viele Einstiege – und dementsprechend viele Text-Chancen

Besucher nur über die Homepage einer Website zu leiten ist falsch. Schaffen Sie also nicht nur einen Zugang, sondern viele Zugänge. Und entwickeln Sie Landing Pages so sorgfältig wie Ihre Homepage.

Finde ich hier, was ich suche? Die Kernfrage eines Besuchers, der auf einer Website landet.

Nun sind Web-Portale bereits ein Konzept, das unterschiedliche, themenbezogene Antworten gibt. Teaser für Teaser, Anreißerlink für Anreißerlink. Und über die Wichtigkeit einer Schnellsuche braucht man heute ebenfalls nicht mehr zu diskutieren. Trotzdem geht´s noch schneller. Indem man für „Ankommende“ nicht erst Wegweiser aufstellt, sondern potenzielle Besucher direkt zum richtigen Ort bringt. Über Landing Pages, die den Besucherinteressen angepasst sind. Denn was Besucher suchen, wissen wir längst, zumindest bei jedem Zugriff über einen Suchtreffer oder Google-AdWords. Landing Pages sagen also – analog zum Weg eines Besuchers – hier findest du! Überlegen Sie: Wie sehen Ihre vielen Zugänge aus? Welche unterschiedlichen Interessen bringen Besucher auf Ihre Website? Gibt es analog zu den unterschiedlichen Interessen unterschiedliche Landing Pages? Darüber freuen sich übrigens nicht nur Besucher, sondern auch die Suchmaschinen, wenn Sie – siehe oben – hohe Themenrelevanz signalisiert haben.

Noch mehr Text-Möglichkeiten bei Google.

Wohin die Reise geht, zeigt wiederum Google durch die Möglichkeit, Ad Sitelinks zu setzen. Das heißt: Zum Link auf die Hauptzielseite Ihrer AdWords-Anzeige können Sie nun vier weitere Links zum Content Ihrer Website hinzufügen. Und die lassen sich schnell ändern und damit mühelos an saisonale oder aktionsbezogene Aktivitäten und Angebote anpassen. Bleiben Sie dran!

10. Teaser und Co.: Wie Sie Leser in den nächsten Klick mitnehmen …

Clevere Internet-Texte bauen ständig Motivation auf. Für den nächsten Klick, für das Weiterlesen. Das Zauberwort heißt „führen".

Nun gibt es Führungstechniken, die in diesem Kapitel über das Texten nicht fehlen dürfen. Sie betreffen Anschreiber und Führungsfloskeln. Was ist damit gemeint?

Teaser, Anschreiber oder Anreißertexte nennt man die Kurztexte auf Portalseiten, die meist mit einer Führungsfloskel wie „mehr" oder „weiter" zum Klick auffordern. „Langweiler" werden nicht geklickt. Wer nicht klickt, liest nicht weiter. Die Kernfrage: Schafft Ihre Website den Klick?

Ein Anschreiber beantwortet stets eine Leserfrage. Und die heißt: Warum soll ich das lesen bzw. warum soll ich hier klicken? Zwei grundsätzliche Antworten gibt es: zunächst den klassischen Teaser oder Anreißer und das journalistische Lead-in. Der Teaser macht neugierig. Er verrät nicht die vollständige Information, fordert auf, sich per Klick die fehlende und hoffentlich spannende Teilinformation zu erschließen. Doch ganz wichtig: Wer im Teaser zu wenig verrät, schafft nicht genügend „Klickmotivation". Wer zu viel Drama erzeugt und flach auflöst, enttäuscht. Teaser sind eine Gratwanderung – aber spannend für Leser und Texter. Und Sie machen Spaß.

Beispiele für Teaser im Internet.

„Garnelen satt!
In Müllers Restaurant sorgt ein neuer Event für Aufregung.
Warum sich Genießer darauf freuen …"

Der klassische journalistische Anschreiber (auch Nachrichtenlead oder Lead-in) zeigt, wenn möglich, die vollständige Nachricht in Kurzform. Er holt den Klick über Themeninteresse an der vollständigen Meldung ab. Er wird um die klassischen W-Fragen herumkonstruiert. Dabei arbeitet man eine Auswahl ab.

Die klassischen Ws: Wer? Was? Wo? Wann? Warum? Wie? Wen betrifft das? Welche Folgen? Welche Quelle?

Neuer Event in Müllers Restaurant
Fritz Müller, Sternekoch und Restaurantchef, hat einen neuen Event aus der Taufe gehoben.
„Garnelen satt" bietet er jeden Mittwoch zum Dumpingpreis von 5 EUR pro Person. (mehr)

Die 5 häufigsten Fehler

Fünf Fehler, die Sie bei Internettexten vermeiden sollten

- **Ein Besucher muss lange nach Kernaussagen suchen!**

Auf eines haben Web-Besucher sicher keine Lust: lange nach Kernaussagen zu suchen. Denn Sie haben alles Wichtige an den Schluss gebracht und Kernaussagen in langen Absätzen und Schachtelsätzen versteckt. Gut so, wenn Sie Mensch und Suchmaschine „frustrieren" wollen. Denn beide wissen nicht, worum´s geht. Gerade auf Webseiten muss die Information schnell zugänglich sein, wichtige Dinge sollten bereits beim Überfliegen der Seite ins Auge fallen, um eine intensivere Beschäftigung mit dem Text auszulösen. Und Texteinstiege sollten stark sein und Wichtiges nach vorne stellen.

- **Sie übertragen Ihren Briefstil ins Internet!**

Briefe sind wohl das persönlichste aller Marketing-Medien. Ihr Kennzeichen: eine sehr persönliche Sprache, viele Floskeln, viele Formulierungen, die die Eigenheiten des Schreibers betonen. Vorsicht mit solchen Rückbezügen in Sachtexten im Internet. In Blogs als persönliches Medium o.k., auf einer Firmenwebsite oder in einem Shop gilt: Vorsicht mit Floskeln und umständlichen Formulierungen. Und wenn, dann nur an klar bezeichneten Positionen. Als Kommentar, persönliche Rückmeldung, Bewertung am ausgewiesenen Platz.

- **Sie schreiben zu lange Texte!**

Lesen im Internet strengt an und ist deutlich langsamer. Zwingen Sie einen Leser also nicht, dies zu tun. Bieten Sie bei Langtexten eine Ausdruckfunktion an oder portionieren Sie lange Texte in Abschnitte mit jeweils 3000 Zeichen.

- **Sie schreiben zu lange Zeilen!**

Lange Zeilen strengen an. Sie signalisieren „Ich bin schwer auszuwerten!". Setzen Sie deshalb nach 60 bis 70 Zeichen einen Zeilenumbruch oder schreiben Sie gleich lesefreundlich ca. 40 Zeichen pro Zeile.

- **Sie vergessen Rechtschreibung und Grammatik!**

Ein Text sagt immer auch etwas über den Schreiber. Schlechtes Deutsch, schlechter Stil, Rechtschreib- und Grammatikfehler sind alles andere als ein Kompetenzbeweis. Vergessen Sie nicht: Gerade im Marketing ist Sprache immer auch ein Wettbewerbsfaktor! Wenn zwei dasselbe sagen, hat der mehr Aufmerksamkeit, der verständlich ist.

Literatur

Gottschling, Stefan (2007): Stark texten, mehr verkaufen. Kunden finden, Kunden binden mit Mailing, Web & Co. 3., überarbeitete und erweiterte Auflage. Wiesbaden: Gabler.

Gottschling, Stefan: Seminarskript 2010: Stark texten für Internet und E-Mails. Textakademie GmbH.

Gottschling, Stefan: Wettbewerbsfaktor Sprache. In: Frankfurter Allgemeine Zeitung (Nummer 234). Verlagsbeilage „Zukunft Mittelstand". Seite B12, 9.10.2009.

Studien: Vgl. Studien auf Seite 21.

www.useit.com: Die Website des amerikanischen Usability-Gurus Jakob Nielsen mit vielen, vielen Tipps.

Ihre Notizen:

....

....

Michael Keller

10 ganz konkrete Tipps zum Online-Recht: So stehen Sie auf der sicheren Seite

Die wirksamsten Marketing-Tipps bringen nichts, wenn die gewählte Werbemethode oder der Werbeinhalt gegen geltendes Recht verstoßen. Nur zu häufig lassen Konkurrenten und Verbände dann die Rechtslage in einem freundlichen, aber kostenpflichtigen Anwaltsbrief erläutern. Dieser Beitrag beschreibt, wie Sie die 10 häufigsten rechtlichen Fallen im Online-Marketing vermeiden können.

Der Autor

Michael Keller

Michael Keller ist seit 2001 in der Freiburger Kanzlei Siegert & Kollegen als Rechtsanwalt mit der Beratung und der gerichtlichen Betreuung von Direktmarketing-Unternehmen tätig. Zur täglichen Praxis gehören dabei insbesondere Fälle aus den Bereichen Internetrecht, Wettbewerbsrecht, Datenschutzrecht, AGB-Recht und Markenrecht.

Neben verschiedenen weiteren Veröffentlichungen und Vorträgen ist er außerdem Dozent an der Bayerischen Akademie für Werbung und Marketing (BAW) und beim Siegfried Vögele Institut für Dialogmarketing (SVI).

Für den nötigen Blick über den Tellerrand und die gebotene wirtschaftliche Sichtweise haben seine Tätigkeiten als Industriekaufmann und als freier Journalist für eine Tageszeitung gesorgt.

So vermeiden Sie die wichtigsten rechtlichen Fehler im Online-Marketing

Sie stehen in den Suchmaschinen ganz oben und haben eine überdurchschnittliche Klickrate erreicht? Mit ausgefuchsten Tricks ist auch Ihre Abschlussquote nun traumhaft, ebenso die generierten Umsätze? Und Ihre Kunden kommen wieder? Prima!

Das Internet ist eben ein überall und zu jeder Zeit leicht verfügbares Medium, in dem Ihr Angebot sehr einfach von möglichen Interessenten gefunden werden kann. Aber ebenso von möglichen – mehr oder weniger seriösen – Angreifern, die sich dem Schutz Ihrer Mitbewerber und der Verbraucher verpflichtet fühlen. Ob Sie mit legalen Mitteln in Ihrem Online-Business so erfolgreich sind, fragt sich natürlich gerade Ihr Konkurrent und wird Ihre Methoden genauer unter die Lupe nehmen.

Die Konkurrenz schaut genau darauf, ob Ihr Erfolg auf legalen Mitteln beruht.

Das kann unschöne Konsequenzen für Sie haben: Wenn Ihre Werbemethoden und -inhalte einer rechtlichen Überprüfung nicht standhalten, drohen insbesondere kostenpflichtige Abmahnungen durch Mitbewerber und Verbände, aber auch behördliche Maßnahmen mit Verbotsverfügungen und Bußgeldern. Im ungünstigsten Fall kann sogar der gesamte mit der beanstandeten Werbemaßnahme erzielte Gewinn wieder abgeschöpft werden. Die Werbemaßnahme hat sich dann für Sie natürlich nicht rentiert.

Wer sich nicht an die rechtlichen Bestimmungen hält, riskiert Abmahnungen, Verbotsverfügungen oder Bußgelder.

Die folgenden Tipps sollen Ihnen daher helfen, von vornherein falsche strategische Entscheidungen zu vermeiden und Sie auch in der praktischen Umsetzung vor den häufigsten Fehlern bewahren.

1. Wie Sie zulässig gefunden werden

Maßnahmen zur Suchmaschinenbeeinflussung sollen helfen, dass Ihr Angebot im Internet überhaupt gefunden und in den Suchergebnissen möglichst weit oben angezeigt wird.

Fremde Kennzeichen dürfen nicht verwendet werden.

Die meisten Suchmaschinen arbeiten mit Keywords, früher vorwiegend aus dem Seitenquelltext (Metatags), heute in erster Linie aus dem lesbaren Text der Internetseite (Volltext). Daher bringen Unternehmen für die Suchmaschinen auch gerne fremde Kennzeichen (zum Beispiel Marken, Unternehmensnamen) als Keywords in der eigenen Seite unter. Dadurch soll die Suche eines Interessenten nach den Zeichen eines Konkurrenten möglichst auch die eigene Seite ausgeben.

Hier ist die Rechtsprechung streng:

- Fremde Kennzeichen in den eigenen Metatags stellen eine Kennzeichenverletzung dar.
- Das gilt auch bei fremden Kennzeichen in unsichtbarem Seitentext (weißer Text auf weißem Grund).
- Fremde Kennzeichen zur Beschreibung der Qualität der eigenen Leistungen (zum Beispiel Schmuck „à la Cartier“) können den guten Ruf und die Bekanntheit des fremden Kennzeichens rechtswidrig ausnutzen.
- Zu „Google AdWords“ fehlt derzeit noch eine abschließende Entscheidung des Europäischen Gerichtshofs. Es zeichnet sich aber ab, dass fremde Kennzeichen zwar grundsätzlich als AdWord gebucht werden können, dass fremde Zeichen aber nicht im Text der Anzeige erscheinen dürfen.

Wichtige Gesetze: §§ 14 und 15 MarkenG, § 12 BGB, § 4 Nr.10 UWG, § 6 UWG.

2. Wie Sie legale Werbetexte und Angebotsbeschreibungen verfassen

Der Inhalt Ihrer Werbetexte soll Interessenten zum Kauf animieren.

Eine wettbewerbswidrige Irreführung darf dabei aber auch im Internet nicht entstehen:

- Objektive Unwahrheiten dürfen in Ihrer Werbung nicht enthalten sein.
- Mehrdeutige oder missverständliche Aussagen müssen im unmittelbaren räumlichen Zusammenhang – notfalls durch einen deutlichen Sternchenhinweis – aufgeklärt werden.

Ihre Werbetexte dürfen Ihre Kunden nicht in die Irre führen.

Vorsicht bei bestimmten Produktgruppen: Insbesonderebei Textilien, Lebens- und Futtermitteln, Kosmetika, Heilmitteln, Elektrogeräten, Lampen, Batterien, Glücksspielleistungen, Filmen und Computerspielen bestehen besondere Werbebeschränkungen und zusätzliche Informationspflichten.

Wichtige Gesetze: §§ 5, 5a, 6 und 16 UWG, TextilKennzG, LFGB, HWG, ElektroG, EnVKV, BattG, GlüStV, JMStV.

3. Weshalb Sie zwischen Verbrauchern und Unternehmen trennen sollten

Verbrauchern stehen besondere Rechte zu, die Sie Unternehmen nicht einräumen müssen, zum Beispiel das Widerrufsrecht im Fernabsatz.

Es gibt viele Informationspflichten, die nur gegenüber Verbrauchern gelten. Auch dürfen Sie Ihre Geschäftsbedingungen gegenüber Verbrauchern nicht so scharf formulieren wie gegenüber Unternehmen.

Gegenüber Unternehmen haben Sie als Anbieter mehr Rechte.

Für Unternehmen sollten Sie daher eigene Seiten bereithalten. Dort sollten Sie sich aber ausdrücklich bestätigen lassen, dass der Kunde als Unternehmer handelt.

Wichtige Gesetze: §§ 1 und 9 Abs.1 PAngV, § 310 Abs.1 BGB, § 312b Abs.1 BGB.

4. Wie Sie gegenüber privaten Letztverbrauchern legal mit Preisen werben

Alle zum Kauf angebotenen Leistungen müssen Sie mit einem Bruttopreis auszeichnen, Angaben wie „Preis auf Anfrage“ genügen nicht.

Bei jeder Preisangabe – in der Werbung oder im Shop – muss außerdem der Grundpreis je Mengeneinheit genannt werden, wenn Sie Ware nach Gewicht, Volumen, Länge oder Fläche anbieten.

Mehrwertsteuer und Versandkosten müssen angegeben werden.

Spätestens auf Seiten mit der Möglichkeit zur Einleitung des Bestellvorgangs (zum Beispiel mit dem Button „in den Warenkorb“) müssen Sie direkt bei der Preisangabe zudem erklären, dass darin die Mehrwertsteuer enthalten ist und ob und gegebenenfalls in welcher Höhe zusätzlich Versandkosten zu bezahlen sind – auch ins Ausland, wenn Sie das anbieten. Die Höhe der Versandkosten dürfen Sie auch in einem Link erläutern.

Beispiel:

„14,95 Euro (inkl. MwSt. zzgl. 4,95 Euro Versandkosten) Grundpreis: 29,90 Euro/kg“

Achtung: Auch bei der Werbung mit Preisen in Preissuchmaschinen und Portalen müssen Sie die Versandkosten nennen und auf die enthaltene Mehrwertsteuer hinweisen.

Wichtige Gesetze: §§ 1 und 2 PAngV.

5. Ob und wann Sie die bestellte Leistung erbringen sollten

Die angebotenen Leistungen müssen Sie auch tatsächlich erbringen können, um eine Irreführung zu vermeiden.

Bei Bestellung im Internet kann der Kunde sogar eine „unverzügliche“ Belieferung erwarten. Ist das nicht möglich, müssen Sie darüber ausdrücklich aufklären (zum Beispiel mit einer „Ampel“, die Auskunft über die Lieferzeiten gibt), wobei die Angabe einer „Regellieferzeit“ aber zu unklar wäre.

Sie müssen Ihre Kunden über längere Lieferzeiten informieren.

Wichtige Gesetze: §§ 5 und 5a UWG, § 308 Nr.1 BGB.

6. Wie Sie Probleme beim Widerrufs- oder Rückgaberecht vermeiden

Verbrauchern müssen Sie in der Regel ein Widerrufs- oder ein Rückgaberecht einräumen.

Diese Rechte unterscheiden sich: Ein Widerrufsrecht hätte für Sie etwa den Vorteil, dass Sie die Rücksendekosten unter anderem bei einem Rücksendewert bis 40 Euro dem Kunden belasten können. Dafür reicht für den Widerruf aber eine einfache Erklärung des Kunden in Textform (Brief, Fax oder E-Mail). Beim alternativen Rückgaberecht müssten Sie zwar stets die Rücksendekosten tragen, dafür muss Ihr Kunde die Ware zurücksenden, um das Recht auszuüben. Beim Rückgaberecht müssten Sie also der Ware nicht „hinterherlaufen“.

„Unklarheiten sollten Sie immer vermeiden. Klare und eindeutige Informationen sind wichtig.“

Auf das Widerrufs- oder Rückgaberecht muss im Bestellformular ausdrücklich hingewiesen werden. Innerhalb der allgemeinen Geschäftsbedingungen müssen Sie die detaillierte Belehrung optisch hervorheben.

Bei allen Zweifeln über die Rechtmäßigkeit – verwenden Sie möglichst die aktuellen Musterbelehrungen, die in den Anlagen zur BGBInfoV enthalten sind. Ab dem 11. Juni 2010 finden Sie neue Musterbelehrungen in den Anlagen zu Art. 246 § 2 Abs.3 EGBGB.

Der Europäische Gerichtshof hat die deutsche Regelung zum Wertersatz bei bestimmungsgemäßer Ingebrauchnahme und zur Nutzungsentschädigung aber generell in Frage gestellt. Sie sollten daher genau überlegen, ob Sie diese Pflichten Ihren Kunden trotzdem auferlegen wollen.

Wichtige Gesetze: §§ 312b–312e BGB, §§ 355-357 BGB, §§ 1 und 3 BGBInfoV.

7. Wann Sie auf allgemeine Geschäftsbedingungen verzichten können

Wenn Sie von den gesetzlichen Regeln nicht abweichen wollen, benötigen Sie tatsächlich keine allgemeinen Geschäftsbedingungen.

Beachten Sie die Informationspflichten im Fernabsatz und die Pflichten im elektronischen Geschäftsverkehr.

Es genügt, wenn Sie die Informationspflichten im Fernabsatz (Informationspflichtverordnung § 312c BGB) und die Pflichten im elektronischen Geschäftsverkehr (§ 312e BGB) erfüllen.

Wichtige Gesetze: §§ 312c und 312e BGB, §§ 1 und 3 BGBInfoV, nach dem 11.6.2010: Art. 246 §§ 1-3 EGBGB.

8. Wann Sie mit E-Mails, MMS und SMS Werbung betreiben dürfen

Werbung mit E-Mails, MMS und SMS ist zunächst dann zulässig, wenn Sie eine entsprechende vorherige, ausdrückliche Einwilligung des Betroffenen erhalten haben.

- Jede Einwilligung muss dabei inhaltlich das betroffene Werbemedium, das zur Werbung berechtigte Unternehmen und den Werbezweck eindeutig erkennen lassen.

Für jedes Medium ist eine eigene Einwilligung nötig.

- Wichtig ist auch, dass Sie für jedes Medium eine eigene Einwilligung abfragen müssen. Die einzelnen Einwilligungen dürfen nach dem Bundesgerichtshof nämlich nicht mit anderen Erklärungen oder Einwilligungen kombiniert werden.
- Jede Einwilligung muss vom Betroffenen außerdem aktiv erklärt werden, zum Beispiel durch Ankreuzen entsprechender Tick-Boxen. Bereits bei Aufruf des Formulars angekreuzte Einwilligungen sind unwirksam.
- Elektronisch eingeholte Einwilligungen müssen schließlich einen Hinweis auf das jederzeitige Recht zum Widerruf enthalten, sie müssen protokolliert werden und der Betroffene muss jederzeit die Möglichkeit haben, den Inhalt seiner Einwilligung abzurufen.

Unter besonderen Voraussetzungen dürfen Sie Werbung mit elektronischer Post auch ohne Einwilligung der Betroffenen durchführen:

Ausnahmen: Hier ist Werbung auch ohne Einwilligung möglich.

- Sie müssen die elektronische Adresse im Zusammenhang mit einem Kaufgeschäft unmittelbar von Ihrem Kunden erhalten haben – eine bloße Anfrage genügt nicht.
- Sie müssen den Kunden außerdem bereits bei der Erhebung und bei jeder einzelnen Bewerbung auf die Möglichkeit zum kostenfreien Widerspruch (Opt-out) hinweisen, damit aber auch darauf, dass die Möglichkeit der elektronischen Bewerbung überhaupt besteht.
- Der Betroffene darf weiterhin nicht bereits zuvor der Bewerbung seiner elektronischen Postadresse widersprochen haben. Auch eine erneute Bestellung des Kunden darf daher nicht zum Anlass genommen werden, wieder elektronische Post zu versenden, wenn bereits ein Widerspruch vorliegt.

- Ohne Einwilligung dürfen Sie schließlich nur Werbung für „eigene ähnliche“ Leistungen versenden. Damit ist zunächst ausgeschlossen, dass Sie ohne Einwilligung auch für Angebote anderer Unternehmen Werbung betreiben. Zudem dürfen Sie nur solche Leistungen anbieten, die die bereits gekauften Leistungen ersetzen oder zumindest als Zubehör dienen können.

Der werbliche Charakter Ihrer E-Mails muss zu erkennen sein.

Keinesfalls dürfen Sie den werblichen Charakter der elektronischen Post verschleiern oder auf die Angabe einer Abmeldemöglichkeit verzichten.

Wichtige Gesetze: § 7 Abs.2 und Abs.3 UWG, § 13 Abs.2 TMG.

9. Was Sie bei der Analyse des Surfverhaltens beachten müssen

Zunächst müssen Sie beachten, dass Sie das Surfverhalten der Besucher Ihrer Internetseiten – zum Beispiel mit Cookies oder Tracking-Tools – grundsätzlich nur mit Einwilligung des Betroffenen auswerten dürfen.

Wer das Surfverhalten seiner Kunden auswerten möchte, benötigt dazu deren Einwilligung.

Ausnahmsweise können Sie auf die Einwilligung verzichten, wenn Sie das Surfverhalten nur pseudonymisiert auswerten, das bedeutet mit verschlüsselter IP-Adresse und bei Verzicht auf die Zusammenführung mit Kaufdaten. Die Besucher Ihrer Internetseiten müssen Sie auf die beabsichtigte Analyse hinweisen und zudem die Möglichkeit zum Widerspruch einräumen, zum Beispiel durch Setzen eines „Opt-out-Cookies“.

Auch aus diesem Grund halten die Aufsichtsbehörden für den Datenschutz die Verwendung von vielen, sehr populären Tracking-Tools, die die IP-Adresse unverschlüsselt verwenden, für rechtswidrig. Die Behörden haben bei Drucklegung des Buches im März 2010 bereits begonnen, die Verwendung derartiger Analyse-Tools zu beanstanden.

Wichtige Gesetze: §§ 14 und 15 TMG.

10. Sagen Sie immer, wer Sie sind

Schließlich sollten Angaben zur eigenen Identität eigentlich eine Banalität sein, aber auch hier können sich kostspielige Fehler einschleichen.

Das Gesetz verpflichtet Sie nämlich, auf jeder Internetseite leicht erkennbar einen entsprechenden Link zur Anbieterkennzeichnung mit detaillierten Mindestinformationen vorzuhalten:

Diese Angaben sind Pflicht auf jeder Website.

- Mit Unternehmensnamen (bei Gewerbetreibenden ohne Handelsregistereintrag mit ausgeschriebenen Vor- und Zunamen des oder der Inhaber), Rechtsformzusatz, zustellfähiger Hausanschrift, bei juristischen Personen dem oder den Vertretungsberechtigten, wenn vorhanden, Vertreter im Ausland.
- Mit dem öffentlichen Register, in dem das Unternehmen eingetragen ist, und der Registernummer.
- Mit der E-Mail-Adresse und wenigstens einer weiteren Angabe zur elektronischen Kontaktaufnahme und Kommunikation (zum Beispiel der Telefonnummer).
- Unter bestimmten Umständen mit Angaben zum Grund- oder Stammkapital und zu den ausstehenden Einlagen.
- Mit Umsatzsteuer-Identifikations-Nummer, falls zugeteilt.
- Bei einer zulassungsbedürftigen Tätigkeit (zum Beispiel Banken, Wohnraumvermittler) und bei der Ausübung bestimmter qualifizierter Berufe (zum Beispiel Handwerker, Ärzte, Rechtsanwälte) gibt es zusätzliche Informationspflichten.

Achtung: Ähnliche Pflichten zur Anbieterkennzeichnung bestehen auch bei Angeboten, die unter fremden Portalen eingestellt werden (zum Beispiel eBay, Mobile.de) sowie für E-Mails und Geschäftsbriefe. Wenn Sie allgemeine Geschäftsbedingungen bereithalten, sollten Sie auch hier detaillierte Angaben zur Identität machen.

Wichtige Gesetze: § 5 TMG, § 37 HGB, § 125a HGB, § 35a GmbHG, § 312c BGB, § 1 BGBInfoV.

Übersicht: Gesetze und Verordnungen

Online spielen vor allem folgenden Gesetze und Verordnungen eine wichtige Rolle:

Abkürzung	**Gesetz**	**Wichtige Paragraphen**
BattG	Batteriegesetz	
BGB	Bürgerliches Gesetzbuch	§ 12, § 308 Nr. 1, § 310 Abs. 1, §§ 312b–312e, §§ 355–357
BGBInfoV	BGB-Informationspflichten-Verordnung	§ 1, § 3
EGBGB	Einführungsgesetz zum BGB	Art. 246 § 1–3
ElektroG	Elektro- und Elektronikgerätegesetz	
EnVKV	Energieverbrauchskennzeichnungsverordnung	
GlüStV	Glücksspielstaatsvertrag	
GmbHG	Gesetz betreffend die Gesellschaften mit beschränkter Haftung	§ 35a
HGB	Handelsgesetzbuch	§ 37, § 125a
HWG	Heilmittelwerbegesetz	

JmStV	Jugendmedien-schutzstaatsvertrag	
LFGB	Lebensmittel-, Bedarfsgegenstände- und Futtermittelgesetzbuch	
MarkenG	Gesetz über den Schutz von Marken und sonstigen Kennzeichen	§ 14, § 15
PAngV	Preisangabenverordnung	§§ 1, 2 und 9 Abs. 1
TextilKennzG	Textilkennzeichnungsgesetz	
TMG	Telemediengesetz	§ 5, § 13 Abs. 2, §§ 14, 15
UWG	Gesetz gegen den unlauteren Wettbewerb	§ 4 Nr. 10, §§ 5, 5a, 6, § 7 Abs. 2 und Abs. 3, § 16

Fünf häufige Fehler

Die 5 häufigsten Fehler

Die rechtliche Zulässigkeit von Werbemaßnahmen und -inhalten ist leider keine statische und rein objektive Frage. Deshalb sollten Sie die nachfolgenden Fehler unbedingt vermeiden.

- **„Das merkt doch sowieso keiner!“**

Rund 185 Millionen Websites gibt es weltweit – wer soll das alles kontrollieren? Doch täuschen Sie sich nicht: Die Konkurrenz schläft nicht und mittlerweile hat sich eine ganze Reihe Anwälte darauf spezialisiert, Gesetzesverstöße im Internet aufzuspüren. Es ist also durchaus wahrscheinlich, dass man auch Ihnen auf die Schliche kommt – ganz abgesehen davon, dass Sie sich grundsätzlich auch online an das geltende Recht halten sollten.

- **„Aber die anderen machen das doch auch!“**

Sie können sich nicht darauf verlassen, dass bestimmte Werbemaßnahmen und -inhalte zulässig sind, nur weil auch Ihre Mitbewerber entsprechend handeln.

- **„Da gibt es doch ein einfaches Muster.“**

Vertrauen Sie nicht blind auf vorgefertigte rechtliche „Patentlösungen“ – die gibt es nämlich nur sehr selten und schon gar nicht von juristischen Laien. Jeder Shop, jede Geschäftsidee, jede Werbemaßnahme kann Besonderheiten aufweisen, die Sie individuell rechtlich überprüfen sollten.

- **„Das war doch bis jetzt immer so.“**

Früher einmal zulässige Werbemaßnahmen und -inhalte müssen nicht ohne Weiteres auch heute und morgen noch zulässig sein. Es vergeht praktisch keine Woche, in der als sicher geglaubte Rechtsauffassungen nicht von Gerichten in Frage gestellt werden oder vom Gesetzgeber durch völlig neue Regelungen ersetzt werden.

- **„Einen Anwalt brauche ich nicht.“**

Eine umfassende anwaltliche Überprüfung können natürlich auch die vorstehenden Tipps nicht ersetzen. Vor allem allgemeine Geschäftsbedingungen, Einwilligungen und Datenschutzhinweise sollten juristisch überprüft werden, bevor sie im Internet publiziert werden.

Nikolaus von Graeve

Wie Sie Ihre Kunden online besser verstehen

Als Verkaufsinstrument ist E-Mail-Marketing längst zu einem Standard geworden – gerade wenn Impulskäufe ausgelöst werden sollen. Funktioniert E-Mail-Marketing aber auch, um Spezialmaschinen oder komplexe Dienstleistungen zu verkaufen? Hier gelten eigene Regeln: Der Absatz hochpreisiger Güter setzt langfristige Strategien voraus. Es gilt, Kundensignale zu verstehen. Wie das geht, erfahren Sie hier.

Der Autor

Nikolaus von Graeve

Geschäftsführender Gesellschafter rabbit eMarketing Sinn von Graeve GmbH

Nikolaus von Graeve betreibt E-Mail-Marketing aus Leidenschaft. Entsprechend erfolgreich ist die von ihm gemeinsam mit Uwe-Michael Sinn geführte Spezialagentur für professionelles E-Mail-Marketing rabbit eMarketing in Frankfurt am Main. Zu den Kunden der Hessen zählen Mittelständler, Organisationen und Konzerne in Deutschland, Europa und Nordamerika. Von Graeve ist ein gefragter Referent und Redner zu den unterschiedlichsten Themen in Marketing und Vertrieb mit einem Schwerpunkt auf dem E-Mail-Marketing. Als Autor hat er bereits zahlreiche Beiträge zum Thema in diversen Fachbüchern und Zeitschriften veröffentlicht.

10 Tipps, wie Sie Ihre Kunden online besser verstehen

Sie wollen hochpreisige Güter oder Dienstleistungen erfolgreich verkaufen? Und dabei auf den Online-Vertriebskanal setzen? Dann lernen Sie Ihre Kunden online besser kennen.

Teure und komplexe Güter werden erfahrungsgemäß erst nach einer umfangreichen Evaluierungs- und Vergleichsphase gekauft. In dieser Zeit werden viele Informationen ausgetauscht. Diesen Prozess steuerte früher ein erfahrener Verkäufer. Etwa indem er Kaufentscheidern wichtige Details zum richtigen Zeitpunkt zur Verfügung stellte. Noch wichtiger jedoch: Bei persönlichen Treffen erkannte der Verkäufer an der Körpersprache seiner Gegenüber, wie sie auf einzelne Argumente reagierten.

Im Ladengeschäft liest ein Verkäufer die Reaktionen der Kunden an der Körpersprache ab.

Heute sind die frühen Phasen eines Kaufprozesses mehr und mehr ins Internet verlagert. Verkäufer können damit zu diesem Zeitpunkt kaum Einfluss auf die Entscheidung nehmen. Doch wie schafft man es, Interessenten die in diesem Moment relevanten Informationen zur Verfügung zu stellen? Man beobachtet sie! In der Online-Welt ist die „digitale Körpersprache“ das Pendant zum genauen Beobachten der Körpersprache durch einen qualifizierten Verkäufer. Der Begriff „digitale Körpersprache“ wurde übrigens vom amerikanischen Autor Steven Woods geprägt. Er versteht darunter die Beobachtung und Deutung aller von potenziellen Kunden online hinterlassenen Signale, mit dem Ziel, besser mit ihnen zu kommunizieren.

Auch online können Sie Ihre Kunden beobachten!

Lesen Sie in diesem Kapitel, wie Sie die Kauf-Anbahnung des potenziellen Käufers (Leads) im Internet optimal begleiten, indem Sie mit E-Mail-Marketing wertvolles Wissen über mögliche Kunden sammeln und diese Informationen gerade bei langfristigen und komplexen Verkaufsprozessen erfolgreich einsetzen.

1. Beginnen Sie möglichst früh mit der Beobachtung potenzieller Kunden

Jede Aktivität Ihrer potenziellen Kunden bringt Sie dem Kaufabschluss näher.

Sie haben einen potenziellen Kunden auf einer Messe kennengelernt. Oder ein Besucher Ihrer Website hat sich intensiv mit Ihrem Angebot beschäftigt und Ihren Newsletter abonniert. Genau jetzt beginnt für Sie der Verkaufsprozess: Indem Sie die Körpersprache dieser Leads beobachten – eben wie jeder gute und erfahrene Verkäufer auch.

Denken Sie daran: Jede Reaktion und Aktivität Ihrer zukünftigen Kunden bringt Sie Ihrem Ziel, dem Kaufabschluss, näher. Es lohnt sich also, möglichst früh mit der Analyse der digitalen Körpersprache Ihrer potenziellen Kunden zu beginnen. So bleibt Ihnen garantiert keine wertvolle Reaktion verborgen.

2. Registrieren Sie jede Reaktion Ihrer potenziellen Kunden

Eine kleine Unachtsamkeit genügt und schon rückt der sicher geglaubte Abschluss in weite Ferne. Dies gilt für die Verkaufsanbahnung in der Offline-Welt – und droht online sogar in weit größerem Ausmaß.

Im Internet ist die Konkurrenz oft nur einen Klick entfernt.

Vergleichbare Angebote sind im Internet stets nur einen Klick entfernt. Die Hürde, einen Verkaufsprozess abzubrechen und zu einem Ihrer Wettbewerber zu wechseln, ist ungleich niedriger. Zumal auch die Loyalität potenzieller Kunden online deutlich geringer ist. Unachtsamkeit kann also zu einem teuren Luxus werden, den Sie sich sparen sollten. Registrieren Sie daher aufmerksam jede Reaktion eines Kaufinteressenten.

Erhält ein potenzieller Kunde den gewünschten Newsletter oder etwa nach einer Messe eine Nachfass-Mail, wird gemessen, ob er diese öffnet und auf welche Links er klickt. Öffnet er die Mail nicht, wird sie mit einem anderen

Betreff nochmals verschickt. Geht der Empfänger dann auf die Website, wird erfasst, welche Inhalte er anschaut. Füllt er Formulare aus, werden die relevanten Informationen ebenfalls erfasst. Meldet er sich zu einem Webinar an, so geht diese Information ebenso in das Profil ein wie die Information, ob er auch teilgenommen hat. Ruft er nach dem Webinar ein ergänzendes Whitepaper ab und abonniert er den Newsletter, wird dies registriert und in die Bewertung der nächsten Schritte miteinbezogen.

3. Achten Sie auch darauf, was Ihr Kunde nicht beachtet

Zahlreiche Angebote und Inhalte, die Sie für Ihre Kunden bereithalten, werden diesen gar nicht interessieren. Gut für Sie: Denn auch was Ihr Kunde nicht beachtet, gibt Ihnen wertvolle Einblicke in die tatsächlichen Interessen Ihrer potenziellen Kunden.

Gerade zu Beginn der Phase der Kaufanbahnung haben Sie die Chance, viel über Ihre Kunden zu lernen. In dieser bei hochwertigen und komplexen Gütern häufig sehr langen Zeit lohnt es sich, besonders auf das zu achten, was Ihre Leads nicht interessiert. Das Wissen um die tatsächlichen Interessen Ihrer potenziellen Kunden ermöglicht Ihnen im weiteren Verkaufsprozess eine Fokussierung auf deren wirkliche Bedürfnisse.

Vor allem zu Beginn der Kaufanbahnung können Sie viel über Ihre Kunden lernen.

4. Schaffen Sie ein Online-Pendant zum klassischen Kaufprozess

In der Online-Welt gelten zwar andere Gesetze für den Verkauf: Doch auch hier hilft Ihnen ein klar strukturierter Verkaufsprozess, potenzielle Kunden für Ihr Angebot zu begeistern.

Der Einkaufsprozess läuft in drei Phasen ab.

Der Einkaufsprozess für komplexe Güter oder Investitionsgüter wird in drei Phasen unterteilt: Die Aufmerksamkeits-Phase ist von einem generellen Beobachten von Markttrends geprägt. Typischerweise informieren sich potenzielle Käufer auf Messen, Konferenzen oder via Newsletter über ein Thema. Ihr Interesse ist dabei eher unspezifisch. Diese Phase kann sich über Jahre hinziehen. Erst dann wird eine Investitionsentscheidung getroffen. In der folgenden Evaluations-Phase definiert Ihr potenzieller Kunde sein Problem genauer und untersucht verschiedene Optionen. Online zeigt sich dies durch den intensiveren Besuch von Websites, den Download von Whitepapers oder Spezifikationen sowie durch die Teilnahme an Webinaren. Die zuletzt folgende Phase des Abschlusses nutzt ein Kaufinteressent, um Angebote zu vergleichen und Verhandlungen zu führen. Diese Phase kann online nur sehr begrenzt unterstützt werden. Generell läuft der Sales-Prozess online nicht mehr parallel zum Einkaufsprozess. Potenzielle Käufer rufen viel früher und viel mehr Informationen ab. Lead-Nurturing (das Umwandeln potenzieller Käufer in tatsächliche Kunden) und Lead-Scoring (die Einstufung potenzieller Kunden nach ihren Kaufinteressen) sind Ihre Antwort auf diese Herausforderung.

5. Halten Sie Ihre potenziellen Kunden „warm"

Wer schon einmal als „Standbesatzung" auf einer Messe war, kennt das Phänomen: teilweise sehr viele potenzielle Kunden – aber wenig konkrete Anfragen. Ist das schlecht? Aus Sicht des Vertriebes: ja. Aus Sicht des potenziellen Kunden: nein.

Kunden informieren sich gerne unverbindlich.

Kaufinteressenten informieren sich gerne „unverbindlich" – auf Messen und heute zunehmend im Internet. Kunden mit einem konkreten Kaufinteresse werden sofort betreut. Doch was geschieht mit all den anderen potenziellen Kunden? Den Marketing-Experten von Sirius Decisions zufolge werden vom Vertrieb meist um die 70 Prozent der

Leads aussortiert. Davon kaufen aber rund 80 Prozent trotzdem – jedoch später. Und meist bei einem Wettbewerber, der – vielleicht – das bessere Produkt hat. Vielleicht hatte der Wettbewerb aber auch nur Glück und „erwischte" den Kunden zum richtigen Zeitpunkt. Lead-Nurturing ist die Antwort auf dieses häufige Problem. Die Philosophie dahinter ist einfach: Man möchte den potenziellen Kunden teilweise über Jahre „warmhalten". Lead-Nurturing hilft Ihnen als Verkäufer, ganz oben im Gedächtnis der potenziellen Käufer zu bleiben. Es bietet potenziellen Käufern zudem eine Vielzahl von Möglichkeiten, mit Ihnen in Kontakt zu treten. Jede dieser Möglichkeiten addiert sich zum „digitalen Bild" des künftigen Käufers und hilft, ihn im weiteren Nurturing-Prozess immer präziser anzuschreiben.

Mit Lead-Nurturing sorgen Sie dafür, dass der Kunde nicht abspringt.

6. Setzen Sie auf E-Mail-Marketing, um potenzielle Kunden zu binden

Komplexe Güter und Dienstleistungen werden nicht im Rahmen eines Impulskaufes erworben. Die Investitionsentscheidung zieht sich häufig über Jahre hin. In dieser Phase können Sie Kaufinteressenten mit E-Mail-Marketing effizient an sich binden.

E-Mail-Marketing eignet sich perfekt, um potenzielle Kunden „warmzuhalten" – vorausgesetzt Sie dürfen diese auch anschreiben. Holen Sie möglichst immer das Einverständnis potenzieller Kunden zum Erhalt von E-Mails ein – auf Messen oder auf Ihrer Website. Bieten Sie hier wertvolle Whitepapers oder Checklisten an. Vergessen Sie dabei nicht, die E-Mail-Adresse zu erfragen – etwa indem das begehrte Dokument nur über einen zugeschickten Link erhältlich ist. Holen Sie sich zusätzlich das Opt-in für weitere Mailings. Jetzt kommt die digitale Körpersprache ins Spiel: Sammeln Sie möglichst viele Informationen. Auf dieser Basis bauen Sie individuelle Anstoßketten auf. Menschen, die auf einen bestimmten Link geklickt haben, erhalten andere Informationen als Nichtklicker oder werden in andere Anstoßketten „geschoben".

Holen Sie immer das Einverständnis potenzieller Kunden.

Sorgen Sie auch dafür, dass bei Empfängern, die weit von einer Investitionsentscheidung entfernt sind, kein „Hard-Selling“ betrieben wird. Planen Sie Ihre Kampagnen sorgfältig und planen Sie für die Nurturing-Phase viel Zeit ein. Definieren Sie einen Punkt, an dem ein „echter Verkäufer“ ins Spiel kommt.

7. Bewerten Sie Ihre Leads kritisch nach tatsächlichen Verkaufschancen

Das Internet ermöglicht es Unternehmen, wesentlich mehr potenzielle Lieferanten zu identifizieren. Entsprechend steigt die Zahl der Anfragen. Aber: Welche Anfragen lohnt es sich wirklich zu bearbeiten? Hier hilft das Prinzip des Lead-Scorings weiter.

Welche Anfragen lohnen sich wirklich?

Dabei wird jeder expliziten sowie jeder impliziten Information (also jeder Aktion) ein Punktwert zugeordnet. Je nachdem, wie „attraktiv“ ein potenzieller Kunde ist (etwa wegen seiner Branche) und wie aktiv er auf die Nurturing-Kampagnen reagiert, wird sein individueller Score errechnet.

8. Analysieren Sie, wann Leads den Kauf abgebrochen haben

Jeder erfolgreiche Kaufabschluss ist wertvoll. Dies gilt jedoch auch für Sales-Prozesse, die von Ihren potenziellen Kunden abgebrochen wurden. Vorausgesetzt, Sie analysieren die Ursachen für den Abbruch sorgfältig.

Auch aus gescheiterten Verkaufsprozessen können Sie lernen.

Es lohnt sich, auch gescheiterte Verkaufsprozesse unter die Lupe zu nehmen. Forschen Sie nach den Ursachen für das plötzliche Erkalten Ihrer Leads. Gibt es signifikante Häufungen an bestimmten Stellen des Prozesses? Dann sollten Sie Ihre Sales-Prozesse in dieser Phase optimieren.

9. Lassen Sie sich die Arbeit von moderner Technik erleichtern

Nur wer einen 360-Grad-Blick auf alle Online-Aktivitäten potenzieller Kunden wirft, kann anschließend entsprechende Maßnahmen ableiten. Entsprechend sorgfältig muss mit diesen Daten umgegangen werden – mit Hilfe moderner Software.

E-Mail-Marketing-Systeme helfen Ihnen beim Lead-Nurturing.

Die meisten E-Mail-Marketing-Systeme sind bereits heute grundsätzlich für Lead-Nurturing-Kampagnen geeignet. Bei der Auswahl sollte Wert auf ein besonders flexibles System gelegt werden. Lead-Scoring ist oft in Ansätzen möglich – allerdings meist nicht so ausgereift wie für die praktische Anwendung notwendig. Es reicht eben nicht, einfach immer nur „+1" zu zählen, wenn ein Link geklickt wird. Abnehmende Scores im Zeitablauf und Ähnliches lassen sich in den meisten E-Mail-Marketing-Systemen jedoch nicht abbilden. Aus den USA kommen die meisten Systeme, die solche Anwendungen beherrschen. Die zwei größten Anbieter sind auch auf dem deutschen Markt aktiv. Alle wichtigen Informationen zur Durchführung effizienter Kampagnen zum Lead-Nurturing liefert übrigens ein Customer-Relationship-Management-System. Die hier verfügbaren Daten ermöglichen Ihnen die maßgeschneiderte Ansprache eines jeden potenziellen Kunden.

10. Beachten Sie die gesetzlichen Bestimmungen zum Datenschutz

Moderne Technik macht nahezu jeden Schritt Ihrer möglichen Kunden nachvollziehbar. Dennoch setzt der Gesetzgeber Grenzen bei der Analyse der digitalen Körpersprache Ihrer potenziellen Kunden.

Wichtig: § 12 des Telemediengesetzes.

Relevant im Zusammenhang mit allem, was digitale Körpersprache angeht, ist § 12 Telemediengesetz (TMG). Dort ist festgelegt, dass jeder Nutzer einer Website oder eines E-Mail-Services, die die digitale Körpersprache von

Besuchern personalisiert auswerten möchten, vorab seine Erlaubnis dazu erteilen muss. Nur dann sind diese Daten in dem gewünschten Zusammenhang nutzbar. Dieses Einverständnis kann zum Beispiel im Rahmen einer hinreichend präzise formulierten Erlaubnis beim Opt-in für einen E-Mail-Service eingeholt werden.

Inwieweit Sie Ihre Kunden „aushorchen", ist immer auch eine moralische Frage.

Unabhängig von der Frage, was man sich vom Empfänger erlauben lassen kann, stehen Unternehmen vor einer zu klärenden Grundsatzfrage: In welchem Umfang betreiben wir das „Aushorchen" potenzieller Kunden? Möglicherweise liegt die moralische Grenze weit diesseits der Grenze des technisch Machbaren.

Zusammenfassung

Was Sie in diesem Kapitel gelernt haben...

Das Internet hat auch im Investitionsgüter-Bereich Kaufprozesse drastisch verändert. Der „klassische Verkäufer" kommt erst zu einem deutlich späteren Zeitpunkt ins Spiel als früher. Gerade in der Verkaufsanbahnung leistet vor allem eine speziell abgestimmte E-Mail-Marketing-Strategie hervorragende Dienste. Und zwar genau dann, wenn es darum geht, einen potenziellen Kunden „warmzuhalten". Um diese Anstoßketten optimal auf den Empfänger abzustimmen, wird im Idealfall seine „digitale Körpersprache" gelesen und interpretiert. Diese Analyse dient auch dazu, die spannenden Leads zu identifizieren und die Bearbeitung auf die erfolgversprechendsten möglichen Kunden zu konzentrieren. Dabei müssen die Grenzen des Datenschutzes jedoch stets eingehalten werden.

Die 5 häufigsten Fehler

Fünf häufige Fehler

- **Sie verzichten auf ein Konzept.**

Die digitale Körpersprache potenzieller Kunden zu analysieren, ist einfach – insbesondere mit Hilfe moderner Software. Entscheidender ist jedoch die Konzeption erfolgreicher Nurturing-Kampagnen, um die gewonnenen Informationen erfolgreich einsetzen zu können.

- **Sie langweilen Ihre Kunden.**

Mehr noch als im „klassischen“ Sales-Prozess kommt es darauf an, Kaufinteressenten mit den in der jeweiligen Phase des Verkaufs wichtigen Informationen zu versorgen. Irrelevante Details langweilen und führen schlimmstenfalls dazu, dass sich ein Lead gegen Sie entscheidet.

- **Sie senden allen Leads identische Informationen.**

Gerade bei großen Investitionen erwarten Kaufinteressenten eine persönliche Ansprache. Nutzen Sie diese Chance. Informieren Sie Ihre Leads individuell, statt sie mit Standardmails zu verärgern.

- **Sie setzen potenzielle Kunden unter Druck.**

Auch wenn ein Kaufinteressent sich viel Zeit mit seiner Investitionsentscheidung lässt: Bedrängen Sie ihn nicht. Hard-Selling zur falschen Zeit kann Ihnen jetzt den bereits sicher geglaubten Abschluss verderben. Geben Sie Ihrem zukünftigen Kunden genau die Zeit, die er für seine Entscheidung benötigt.

- **Sie pfeifen auf den Datenschutz.**

Der Gesetzgeber regelt genau, welche Daten Sie wann erheben und nutzen dürfen. Halten Sie sich daran, auch wenn Sie technisch jeden Schritt Ihrer Leads nachvollziehen können.

Literatur

Woods, Steven (2009): Digital Body Language, Deciphering Customer Intentions in an Online World. Danville: New Year Publishing LLC.

Themenfoto Digitale Körpersprache:
© olly – Fotolia.com

Ihre Notizen:

....

....

2

Am Start: Kontakte knüpfen

70 Tipps, um online Kontakte zu finden

Joachim Rumohr

10 Tipps, wie Sie XING erfolgreich nutzen

XING ist in aller Munde, doch kaum jemand hat erkannt, welche umfangreichen Möglichkeiten dieses „Werkzeug“ wirklich bietet. Auf den folgenden Seiten bekommen Sie 10 konkrete Tipps, wie Sie mit XING erfolgreicher werden und optimale Ergebnisse erzielen können. Steigen Sie direkt ein in die Welt des Social Networking.

Der Autor

Joachim Rumohr

Joachim Rumohr ist geborener Hamburger und hat 20 Jahre Verkaufserfahrung. Als XING-Mitglied der ersten Stunde gibt er seit Dezember 2006 als wohl bekanntester XING-Experte sein Wissen in Vorträgen und Seminaren professionell weiter. Seit September 2008 veranstaltet Rumohr mit seinem Geschäftspartner Dr. Andreas Lutz in Deutschland, Österreich und der Schweiz das offizielle XING-Seminar powered by XING. Seinen Ruf als anerkannter XING-Experte unterstreicht Rumohr mit seinem Weblog, dem Buch „XING optimal nutzen" und vielen Veröffentlichungen in Zeitungen und Fachmagazinen. Im Juli 2007 wurde er einer der ersten offiziellen XING-Ambassadors und organisiert seither monatlich ein bis zwei offizielle XING-Events für die Gruppe „XING Live Hamburg", die mit rund 50.000 Mitgliedern zu den größten offiziellen XING-Gruppen zählt.

10 ganz konkrete Tipps, wie Sie das Online-Netzwerk XING erfolgreich nutzen

In den zehn konkreten Tipps von Joachim Rumohr erfahren Sie, wie Sie XING optimal nutzen. Obwohl XING in aller Munde ist, hat kaum jemand wirklich erkannt, welche umfangreichen Möglichkeiten dieses „Werkzeug" bietet.

Viele XING-Mitglieder wissen gar nicht, wie umfangreich die Funktionen des Online-Netzwerks sind.

Lesen Sie daher die Tipps von Joachim Rumohr und lernen Sie, wie Sie mit XING erfolgreicher werden und optimale Ergebnisse erzielen. Steigen Sie direkt ein in die Welt des Social Networking.

Die Tipps von Joachim Rumohr reichen von den Infoboxen auf der Startseite bis hin zu den offiziellen XING-Treffen, die eine hervorragende Gelegenheit bieten, andere Mitglieder live kennenzulernen.

Doch auch die rund 30.000 XING-Gruppen mit ihrem umfangreichen Content zu allen möglichen Spezialgebieten und Standardthemen sowie das von Rumohr mit einem Ladengeschäft verglichene XING-Profil werden thematisiert. Wenn Sie Ihr Profil auf XING mit einem Ladengeschäft vergleichen, fällt es an vielen Stellen leichter, zu verstehen, welche Angaben Sie machen sollten.

Und Rumohr geht auf den wichtigen Unterschied zwischen Networking und Akquisition ein. Denn Networking hat nichts mit Akquisition zu tun. Es geht vielmehr um das Geben ohne Erwartungshaltung.

Networking und Akquisition sind zwei verschiedene Dinge.

Ferner finden sich Hinweise zur sehr wichtigen XING-Suche, deren weitreichende Möglichkeiten nur den wenigsten bekannt sind. Die meisten Suchen auf XING entfallen auf die Stichwortsuche über das Suchfeld oben rechts. Doch die erweiterte Suche bietet noch weitaus mehr Möglichkeiten!

1. Richten Sie Ihre Startseite individuell ein

Unter dem Punkt „Startseite anpassen“ auf der rechten Seite Ihrer Startseite finden Sie viele unterschiedliche Infoboxen, die Sie sich einblenden lassen können. Diese können mit der Maus leicht verschoben und so miteinander vertauscht werden. Hier finden Sie die wichtigsten für Networking und Beziehungspflege.

Die Besucher Ihres Profils sollten Sie auf jeden Fall im Blick haben. Das sind Menschen, die in das Schaufenster Ihres Ladengeschäftes schauen und angesprochen werden können, wenn es zeitlich und inhaltlich passt.

Infoboxen zeigen Ihnen, was es Neues in Ihrem Netzwerk gibt oder wer Ihr Profil aufgerufen hat.

Sofern Sie noch nicht so lange Mitglied bei XING sind, empfiehlt sich auch die Infobox „Mitglieder, die Sie kennen könnten“. Hier prüft XING im Hintergrund, ob es Mitglieder gibt, die in den gleichen Organisationen, Gruppen oder Firmen wie Sie sind und womöglich noch andere Mitglieder kennen, die Sie auch kennen – alles Hinweise darauf, dass Sie diese Person kennen könnten.

Und damit Sie auf dem Laufenden bleiben, was in Ihrem direkten Netzwerk passiert, schauen Sie ab und an einmal in die Box „Neues aus meinem Netzwerk“. Hier wird Ihnen angezeigt, was Ihre direkten Kontakte auf XING aktuell machen. Andersherum können Sie über diese Box all Ihren Kontakten zum Beispiel automatisch mitteilen lassen, wenn Sie etwas an Ihrem Profil geändert haben. Selbstverständlich lässt sich über entsprechende Einstellungen (oben rechts am Rand der Box) festlegen, welche Informationen gelesen und verbreitet werden sollen, und mit einem Klick auf „mehr…“ bekommen Sie weitere Informationen angezeigt.

2. Gestalten Sie Ihr Profil wie ein Ladengeschäft

Wenn Sie Ihr Profil auf XING mit einem Ladengeschäft vergleichen, fällt es an vielen Stellen leichter, zu verstehen, welche Angaben Sie machen sollten. Schauen wir uns gemeinsam die wichtigsten Bereiche Ihres Profils an.

Was würden Sie auf das Schaufenster Ihres Ladengeschäfts schreiben? Ihren Namen und Firmennamen oder auch, was Sie anbieten? Die Funktion der Schaufensterbeschriftung hat in Ihrem Profil der Firmenname, den Sie im Bereich der Berufserfahrung eingeben und für den Sie 80 Zeichen Platz haben. Der Firmenname taucht in Kombination mit Ihrem Bild und Ihrem Namen an vielen Stellen im XING-Netzwerk auf und kann dem Betrachter einen Impuls geben, Ihr Schaufenster anzusehen, wenn Sie die richtige „Beschriftung" nutzen.

Eigentlich sollte es selbstverständlich sein, doch ich weise an dieser Stelle auch kurz auf das Profilbild hin: Je professioneller der Eindruck, desto besser!

Steht jemand erst einmal vor Ihrem Schaufenster, so fällt der nächste Blick auf Ihre Auslage – im Falle des Profils auf das Feld „Ich biete". Hier haben viele eine große und unaufgeräumte Stichwortwüste vorzuweisen. Machen Sie dem Betrachter (wie in einem persönlichen Gespräch) mit zwei bis drei Sätzen deutlich, was Ihr Angebot ist. Verweisen Sie dann für weitere Informationen auf Ihre „Über mich"-Seite oder Ihre Firmenhomepage.

Erklären Sie in zwei bis drei Sätzen, was Sie den Interessenten bieten.

Klickt Ihr Besucher diese Links in Ihrem Profil an, ist das so, als würde er Ihren Laden betreten. Durch die geschickte Formulierung des Profils, die Verwendung eines attraktiven Fotos oder die Nutzung zusätzlicher Features wie der „Über mich"-Seite können Sie die Anzahl der Klicks auf Ihr Profil und die Qualität der resultierenden Kontaktaufnahmen wesentlich erhöhen.

3. Die Power der XING-Suche entdecken

Nur die wenigsten wissen, was mit der XING-Suche alles möglich ist. Daher entfallen die meisten Suchen auf XING auch auf die Stichwortsuche über das Suchfeld oben rechts. Doch die erweiterte Suche bietet viel mehr!

Bei der erweiterten Suche lässt sich gezielt nach bestimmten Kriterien suchen.

Schauen wir uns die erweiterte Suche einmal näher an, so finden wir drei Hauptbereiche: personenbezogene Eingaben auf der linken Seite, berufliche Suchfilter in der Mitte und Felder in Bezug auf Ort, Sprache und Mitgliedschaft auf der rechten Seite. Diese Suchfunktionen erlauben es, unter den Millionen von Profilen diejenigen herauszufiltern, die Ihren Kriterien entsprechen. Verlieren Sie dabei jedoch keine Zeit mit dem endlosen Anklicken und Sichten unpassender Profile. Wirklich effektiv wird die Suche, wenn man die entsprechenden Optionen kennt. Mit einem Minuszeichen direkt vor einem Suchbegriff können Sie zum Beispiel alle Profile herausfiltern, die diesen Suchbegriff im entsprechenden Feld stehen haben, und das Wort „OR“ können Sie verwenden, um zwei oder noch mehr Begriffe gemeinsam zu suchen. Dabei werden immer zuerst die Profile angezeigt, die alle oder mehrere der eingegebenen Begriffe enthalten, und dann erst Profile, die das eine oder das andere Wort enthalten.

Eine genaue Beschreibung aller Suchmöglichkeiten finden Sie unter der erweiterten Suche, wenn Sie herunterscrollen.

4. Nutzen Sie die Kontakte Ihrer Kontakte

Viele XING-Mitglieder wissen zwar, dass man die Kontakte seiner Kontakte sehen kann, doch die wenigsten haben realisiert, dass man in diesem Kreis auch ganz gezielt suchen kann. Wie viel einfacher ist es, einen Menschen anzusprechen, zu dem eine direkte Verbindung besteht, als jemanden vollkommen kalt zu kontaktieren?

Dies können Sie sich in der erweiterten Suche zusätzlich zunutze machen. Natürlich funktioniert dies erst, wenn Sie über ein Netzwerk mit mehreren 10.000 Kontakten im zweiten Grad verfügen. Sie müssen also zunächst die Ihnen bereits bekannten Mitglieder auf XING finden und als Kontakt hinzufügen. Die Anzahl der daraus resultierenden Kontakte im zweiten Grad sehen Sie stets auf Ihrer persönlichen Startseite unten rechts.

Mit der erweiterten Suche können Sie gezielt in den Kontakten Ihrer Kontakte suchen.

Setzen Sie alle notwendigen Filter wie oben beschrieben ein und nutzen Sie dann zusätzlich die Option „Kontakte meiner Kontakte“, die sich direkt unter dem Stichwortsuchfeld befindet.

Wenn Sie diese Option aktivieren, bekommen Sie nur noch Treffer angezeigt, in denen zwischen Ihnen und dem gefundenen Mitglied nur ein Mitglied steht, das Sie bestenfalls beide gut kennen.

Dies wird auch oberhalb des jeweiligen Profils als Kontaktkette angezeigt. So haben Sie die Möglichkeit, den Bekannten oder die Bekannte zu der entsprechenden Person zu befragen oder darum zu bitten, den Kontakt herzustellen. Oder Sie rufen mit einem Verweis auf die gemeinsamen Bekannten direkt an.

5. Sprechen Sie Mitglieder an, die Ihr Ladengeschäft betreten

Wie bereits erwähnt, sind Besucher Ihres Profils Mitglieder, die in Ihr Schaufenster blicken. Es gibt jedoch auch einen Moment, in dem diese Mitglieder Ihr Ladengeschäft direkt betreten. Für mich ist das der Fall, wenn jemand auf die „Über mich“-Seite oder den Link zur Homepage innerhalb der Berufserfahrung klickt.

Eine Liste der Besucher Ihres Ladengeschäfts finden Sie in der Powersuche wieder. Hier stehen die Listen „Mitglieder, die kürzlich meine Firmen-Homepage angeklickt haben“

und „Mitglieder, die ‚Über mich' kürzlich aufgerufen haben" zur Verfügung. Gehen Sie diese regelmäßig durch, denn die Einträge sind nur drei Tage zu sehen. Schreiben Sie diesen Besuchern Ihres Ladengeschäfts freundlich und bieten Sie Ihre Hilfe an.

Nutzen Sie dafür Softwareprogramme wie PhraseExpress oder Textexpander. So können Sie schnell mehrere Besucher anschreiben und sich dann wieder anderen Aufgaben widmen.

Damit Sie ein und denselben Besucher nicht nach einem erneuten Besuch mit demselben Text anschreiben, empfiehlt es sich die Notizfunktion im Profil des betreffenden Mitglieds zu nutzen. Neue Einträge werden automatisch mit dem Eingabedatum versehen. Sie sind nur für Sie sichtbar und eignen sich hervorragend, um eine Kontakthistorie anzulegen.

6. Wählen Sie die richtige Ansprache

Networking hat nichts mit Akquisition zu tun, und wenn Sie schon einmal ein Mitglied angeschrieben haben, weil es etwas sucht, das Sie zu bieten haben, dann werden Sie möglicherweise keine Antwort darauf erhalten haben. Doch woran liegt das?

Aus meiner Sicht wollen wir nicht mehr akquiriert werden. Ständige Werbung, Anrufe und Ansprachen lassen uns abstumpfen. Man möchte selbst aktiv werden und auswählen. Daher müssen Sie in sozialen Netzen eine andere Form der Ansprache finden.

Lesen Sie die Profile möglicher Interessenten sorgfältig: Was können Sie ihnen geben?

Finden Sie vielmehr auf den Profilen möglicher Interessenten einen Impuls, aufgrund dessen Sie das andere Mitglied anschreiben können, und überlegen Sie bestenfalls, was Sie dem anderen im ersten Schritt geben können. Nutzen Sie dabei die persönliche Ebene und suchen Sie möglichst direkt in den Kontakten Ihrer Kontakte, um weitere

Anknüpfungspunkte für den Erstkontakt zu haben (siehe Tipp 4).

Doch bedenken Sie dabei immer, dass Networking in erster Line bedingungslos und großzügig ist. Geben Sie also stets ohne Erwartungshaltungen und vertrauen Sie darauf, dass der andere einen Impuls bei Ihnen findet, dem er dann nachgeht, um Sie auf Ihre Dienstleistung anzusprechen.

7. Vertiefen Sie Ihr Wissen und betreiben Sie Wettbewerbsanalyse

Auf XING entsteht der meiste Content im Bereich der mehreren zehntausend Gruppen. Hier handelt es sich um Diskussionsforen, in denen jeder Beitrag mit dem Profil des Urhebers verknüpft ist. So kann sich der Leser ein Bild von dessen Kompetenz machen.

Große Gruppen wie das von Dr. Andreas Lutz moderierte „Netzwerk für Gründer und Selbstständige" erreichen über 75.000 Mitglieder und sind ein hervorragendes Instrument zur Kundenbindung und Wettbewerbsanalyse.

Darüber hinaus eignen sich die Gruppen hervorragend, um sich umfangreich über ein Thema zu informieren und Experten zu finden. Oft gibt es zu einem Thema sogar mehrere Gruppen. Suchen Sie beispielsweise nach „iPhone", werden Sie rund ein Dutzend Gruppen finden. Die Experten in diesen Gruppen helfen Ihnen oft innerhalb von Minuten weiter.

> „Viele Mitglieder recherchieren gezielt in den Gruppen nach potenziellen Dienstleistern."

Auf der anderen Seite besteht dadurch auch für Sie die Chance, sich durch hilfreiche Beiträge als Experte zu positionieren. Viele Mitglieder recherchieren gezielt in den Gruppen nach potenziellen Dienstleistern.

Als Gruppenmoderator genießen Sie ferner eine besonders hohe Sichtbarkeit in den Foren und haben zudem die

Möglichkeit des Permission-Marketings: Bis zum Widerruf stimmen die Mitglieder nämlich zu, dass der Moderator ihnen Newsletter und Veranstaltungseinladungen zuschicken darf.

8. Betreiben Sie Networking auf den offiziellen XING-Events

Das Eventmanagement von XING ermöglicht die Organisation von Veranstaltungen. Ein gutes Beispiel sind die vielfältigen und gut besuchten offiziellen XING-Treffen, die eine hervorragende Gelegenheit sind, andere Mitglieder live kennenzulernen.

Die Möglichkeit, im Bereich „Events" private oder öffentliche Termine anzulegen, hat jedoch jedes Mitglied. Dies führte im ersten Halbjahr des Jahres 2009 weltweit zu über 90.000 Mitgliederevents, und die Anzahl der verfügbaren Events steigt von Jahr zu Jahr rasant an.

Nutzen auch Sie diese Funktion und laden Sie Ihre Kontakte oder Gruppenmitglieder zu Networking-Events, kulturellen Veranstaltungen, Vorträgen oder Seminaren ein. Das System hält die Einladungsliste aktuell und nimmt dem Veranstalter so viel Arbeit ab.

Die Gästeliste zeigt Ihnen, wer an einem Event teilnimmt. Nutzen Sie sie, um vorab Kontakt aufzunehmen.

Zudem können Sie als Teilnehmer in der Regel schon vorher sehen, wer zu einem Event zugesagt hat, und diese Gelegenheit nutzen, um zu besonders interessanten Personen auf der Liste vorab Kontakt aufzunehmen und sich auf einem Event direkt zum gemeinsamen Erstgespräch zu verabreden.

Oder Sie verabreden sich mit neuen Kontakten zu einem Networkingevent und bekommen so die Gelegenheit, das erste Kennenlernen auf „neutralem Boden" abzuhalten.

9. Nutzen Sie XING im Tagesgeschäft

Wer erkannt hat, was XING alles leisten kann, der wird es den ganzen Tag geöffnet haben wie ein E-Mail-Programm oder die Kundenverwaltung. Dadurch ist ein schneller Zugriff auf Profile und Informationen möglich und neue Eingangsnachrichten werden direkt wahrgenommen.

Telefonieren Sie beispielsweise mit jemandem, so fragen Sie doch, ob derjenige ein XING-Profil hat. Oder gehen Sie schon vorher auf die Suche nach dem Profil desjenigen, den Sie anrufen möchten. Der Vorteil: Sie können sich im wahrsten Sinne des Wortes ein Bild von dem Menschen am anderen Ende der Telefonleitung machen und finden möglicherweise wertvolle Informationen und Anknüpfungspunkte im Profil Ihres Gesprächspartners.

Egal, mit wem Sie zu tun haben: Sehen Sie nach, ob er oder sie bei XING zu finden ist.

Sobald Sie den Kontakt dann bestätigt haben, können Sie die freigegebenen Kontaktdaten direkt in Outlook oder ein anderes System importieren.

Außerdem können Sie XING als Telefonbuch nutzen: Sie müssen Ihr Adressbuch nicht mehr pflegen, denn aktive Mitglieder halten die Kontaktdaten selbst aktuell. Das ist besonders bei entfernteren Bekannten praktisch, etwa bei ehemaligen Arbeitskollegen oder Schul- und Studienfreunden, mit denen man via XING leicht wieder in Kontakt treten kann.

XING erleichtert zudem die Kontaktpflege, die oft aus Zeitgründen vernachlässigt wird. Es erinnert an die Geburtstage der direkten Kontakte, informiert, wenn ein Kontakt die Stelle wechselt oder befördert wird, unterstützt das Empfehlen interessanter Stellenangebote, zeigt, mit wem man viele gemeinsame Bekannte teilt, und ermöglicht es umgekehrt auch, zwei Kontakte einander vorzustellen oder einen dem anderen zu empfehlen.

XING hält Sie auf dem Laufenden, was sich im Leben Ihrer Kontakte tut.

10. Testen Sie den Nutzen der XING-Applikationen

Mit den Applikationen hat XING im Jahr 2009 einen großen Mehrwert geschaffen, der durch permanente Erweiterung der Applikationspartner stetig erweitert wird. Prüfen Sie die Applikationen auf ihren persönlichen Nutzwert und gehen Sie dazu alle Möglichkeiten einmal durch.

Im Menü „Start – Applikationen" können Sie sich einen Überblick verschaffen und sich alle Applikationen mittels Kurzbeschreibung ansehen. Sicher finden auch Sie mindestens eine sinnvolle Applikation, die Ihnen Ihre tägliche Arbeit erleichtern kann.

Nutzen Sie diese Möglichkeiten und starten Sie vor allem die Zusammenarbeit mit Ihren XING-Kontakten. Genau dazu wurden die meisten Applikationen implementiert: zur Zusammenarbeit mit anderen Menschen.

Die 5 häufigsten Fehler

Die fünf größten Fehler auf XING

Abschließend möchte ich Ihnen noch eine Auflistung der häufigsten und schlimmsten Fehler auf XING geben.

- **Kein Bild oder ein unscharfes oder unpassendes Bild im Profil**

Das Bild ist und bleibt das Wichtigste im Profil. Sparen Sie hier auf keinen Fall am falschen Ende und beauftragen Sie einen professionellen Fotografen, der sein Handwerk wirklich versteht.

- **Kontakte sammeln, ohne sie zu pflegen**

Was bringen Ihnen viele Kontakte, wenn Sie damit nichts anfangen und nach einiger Zeit sogar den Überblick verlieren? Kontakte sammeln ist kein Volkssport.

- **Fehlerhafte oder missverständliche Angaben im Profil**

Denken Sie an die beschriebene Schaufenstergestaltung. Ein Profil ohne klare Linie und Aussage wird schnell wieder weggeklickt und bringt eher negative Reklame.

- **Andere Mitglieder mit Spam nerven**

Nicht nur, dass man sich damit sehr unbeliebt macht. Auch XING hat ein Auge darauf und sperrt Mitglieder, die sich nicht an die Regeln halten, aus dem System aus.

- **Nicht auf Nachrichten reagieren**

Und wenn es nur eine kurze Absage oder ein Feedback mit drei Worten ist. Ich halte es für respektlos, wenn auf Anfragen und Nachrichten überhaupt nicht reagiert wird. Ausnahmen sind natürlich unerwünschte Werbenachrichten. Diese melden Sie am besten direkt als SPAM an XING.

Ich wünsche Ihnen viel Erfolg für Ihre zukünftigen Aktivitäten mit XING und freue mich, wenn wir uns auf einem meiner Seminare, Vorträge oder Events persönlich kennenlernen.

Literatur

Lutz, Andreas / Rumohr, Joachim (2009): XING optimal nutzen. Geschäftskontakte – Aufträge – Jobs. So zahlt sich Networking im Internet aus. Wien: Linde.

Lutz, Andreas (2009): Praxisbuch Networking. Einfach gute Beziehungen aufbauen – von Adressmanagement bis XING.com. Wien: Linde.

Rumohr, Joachim (2010): Das XING-Profil (DVD).

Themenfoto XING:
Mit freundlicher Genehmigung der XING AG.

Ihre Notizen:

....

....

Philipp von Stülpnagel

Suchmaschinen-Optimierung: 10 Tipps für nachhaltiges Linkbuilding

Die Anzahl und Qualität der eingehenden Links auf einer Website sind ein zentrales Gewichtungskriterium der Suchmaschinen bei der Platzierung von Websites auf den vorderen Rängen eines Suchergebnisses. Websitebetreiber sollten daher darauf achten, möglichst viele, qualitativ hochwertige Links zu erhalten. Wie Sie dies forcieren können, soll Ihnen dieser Buchbeitrag zeigen.

Der Autor

Philipp von Stülpnagel

Philipp von Stülpnagel ist Geschäftsführer und Mitinhaber der SUMO GmbH, eines der führenden Unternehmen für Suchmaschinen-Optimierung in Deutschland, und beschäftigt sich in dieser Funktion seit über acht Jahren mit dieser Thematik.

Seit 2005 ist er Leiter der „Unit Search (SEO/SEA)“ im Bundesverband Digitale Wirtschaft (BVDW) und war in dieser Funktion maßgeblich an der Entwicklung eines Zertifikats für seriöses Suchmaschinen-Marketing beteiligt.

Seit 2007 doziert Philipp von Stülpnagel zum Thema „Suchmaschinen-Optimierung“ an der Deutschen Dialogakademie (dda) und wurde im gleichen Jahr in den Fachbeirat der Search Engine Marketing Conference (SMX) in München berufen.

Suchmaschinen-Optimierung: 10 Tipps für nachhaltiges Linkbuilding

Seit Google im Jahr 2000 in Deutschland erschien, ist die Suchmaschine aus dem Internetalltag nicht mehr wegzudenken. Und mit einem Marktanteil von über 90 Prozent ist sie für Webseitenbetreiber wie Internetuser das Tor zur großen weiten Online-Welt.

Die Anzahl eingehender Links ist ein wichtiges Kriterium bei Google.

Im Gegensatz zu seinen Konkurrenten wie Yahoo! oder Fireball setzte Google von Beginn an auf ein neues Kriterium bei der Erstellung von Suchergebnisseiten: die Anzahl eingehender Links. Google erkannte als Erstes, dass ein Link von einer Webseite auf eine andere Webseite nichts anderes ist als eine Empfehlung an die eigenen Websitebesucher, doch auch einmal die Inhalte der verlinkten Seite zu betrachten. Und was viele Websites empfehlen, musste ja dann auch in den Augen Googles gut sein – und hatte sich somit eine Top-Platzierung redlich verdient.

Mittlerweile haben andere Suchdienste wie Yahoo! und Bing (Microsoft) dieses Kriterium übernommen. Und auch Google hat dieses Kriterium in den letzten Jahren sukzessive weiterentwickelt. So ist mittlerweile nicht mehr die Zahl der eingehenden Links entscheidend, sondern die Qualität des Links. Ein Link von hoher Qualität kommt dabei von einer Seite, die über interessante, idealerweise themenrelevante Inhalte verfügt.

Gutes Linkbuilding muss vor allem natürlich erscheinen.

Solche Links zu generieren erfordert vor allem drei Dinge: gute Recherche, Zeit und Ausdauer. Denn Linkbuilding in der heutigen Zeit ist nur dann von dauerhaftem Nutzen, wenn es natürlich erscheint. Gutes Linkbuilding ist somit nichts weiter als eine konsequente Weiterführung Ihrer Unternehmenskommunikation im Netz.

Wie Sie dies erreichen können und was Sie bei der Recherche neuer Links beachten sollten, soll Thema dieses Kapitels sein.

1. Wo gibt es gute Links? Fragen Sie die Suchmaschinen!

Auch wenn kostenpflichtige und leistungsstarke Tools zur Verfügung stehen, liefert Ihnen die richtige Nutzung einer Suchmaschine ausreichende Anregungen für potenzielle Linkquellen.

Suchmaschinen zeigen, wer bereits auf Ihre Website verlinkt.

Wie finden Sie schnell heraus, wer bereits auf Sie verlinkt oder auf wen welche Website verlinkt? Und wie finden Sie in wenigen Sekunden Keywords auf einer bestimmten Website? Mit den richtigen Suchparametern ist sehr viel möglich. Deshalb werden hier zunächst die wichtigsten Suchparameter der jeweiligen Suchmaschinen aufgeführt, die in den weiteren Tipps Anwendung finden werden.

Google

site:beispieldomain.de keyword,
Beispiel: *site:beispielseite.de Kreativitätstechniken*

Mit dem „site:"-Parameter sucht Google nur innerhalb einer Domain. In diesem Beispiel wird auf beispieldomain.de die für Google relevanteste Seite zum Thema „Kreativitätstechniken" gesucht.

Bing

linkfromdomain:beispieldomain.de,
Beispiel: *linkfromdomain:*beispieldomain.de *design*

Diese Abfrage liefert als Ergebnis die Seiten, auf die „beispieldomain.de" verlinkt und die eine Relevanz für „design" haben.

Yahoo!

linkdomain:beispieldomain.de –site:beispieldomain.de,
Beispiel: *linkdomain:google.de -site:google.de*

Die derzeit umfangreichsten und außerdem freien Backlinkdaten liefert Yahoo!. Mit dieser Abfrage werden alle

Links zur Domain „beispieldomain.de" und die Links von „beispieldomain.de", also die internen Links, ausgeschlossen.

Diese Suchergebnisse werden Ihnen erste Hinweise geben, wo interessante, themenrelevante Links für Sie zu holen sind. Sie müssen anschließend nur noch die Websitebetreiber ansprechen und um die Setzung eines entsprechenden Links bitten.

2. Profitieren Sie von Ihrer PR-Arbeit

Sie stecken viel Zeit und Kreativität in Ihre Öffentlichkeitsarbeit oder zahlen einer PR-Agentur viel Geld dafür. Warum also nicht den doppelten Nutzen daraus ziehen?

Setzen Sie in Pressemeldungen einen Link zu Ihrer Website.

Eine gute Pressemitteilung wird gerne veröffentlicht, sowohl online als auch offline. Sie bietet dem Leser interessante Informationen und macht ihn auf Ihr Unternehmen aufmerksam. Ist er überzeugt von dem, was er liest, wird der Online-Leser sich Ihren Webauftritt ansehen. Was liegt da näher, als es ihm so einfach wie möglich zu machen? Erwähnen Sie daher nicht nur Ihre Website am Ende der PR-Meldung, sondern verlinken Sie diese und bringen Sie den Leser direkt zu sich, indem Sie auf Ihrer Webseite weitere Informationen zu den Inhalten der PR-Meldung bereitstellen.

Sie stellen ein spezielles Produkt vor? Setzen Sie einen Link direkt auf die entsprechende Produktseite. Gleiches gilt für Fach- oder Gastbeiträge, in denen Sie Ihr Wissen auf anderen Websites mitteilen. Liefern Sie Interessierten neben der Quellenangabe gleichzeitig für sie relevante und weiterführende Inhalte. Auch bei der Online-Werbung für Ihre nächste PR-Veranstaltung sollte das Linkbuilding nicht vergessen werden. Mit einem Link zu Ihnen können die Gäste sich schon im Vorfeld zum Beispiel über Anfahrt und Übernachtungsmöglichkeiten informieren.

Nutzen Sie Ihre PR-Maßnahmen und setzen Sie an geeigneten Stellen Links. Aber übertreiben Sie es nicht! Denken Sie immer daran, was für den User von Nutzen ist. Denn das ist auch gut für Ihr Linkbuilding.

3. Erkennen Sie den Mehrwert Ihrer Website

Verlinkungen sind nichts anderes als Empfehlungen. Man empfiehlt seinen eigenen Besuchern eine andere Website. Ich empfehle etwas nur dann, wenn es mich überzeugt. Ein Supermarkt hat zum Beispiel eine Käsetheke mit einem besonderen Brie aus Frankreich. Das ist sein Mehrwert. Da ich den Brie in keinem anderen Supermarkt kaufen kann, empfehle ich das Geschäft.

Genauso verhält es sich mit Ihrem Webauftritt. Sind Sie einer von vielen oder haben Sie etwas Besonderes? Was genau ist es, das Ihre Website besonders, vielleicht sogar einzigartig macht?

Was macht Ihre Website so besonders?

Sie bieten Ihren Usern ein informatives Glossar, ein spannendes Quiz oder eine nützliche Software. Dann erzählen Sie davon. Andere Websitebetreiber werden es sich anschauen und bei Gefallen auf ihrer Site erwähnen. Vielleicht haben Sie ein Widget generiert, also ein kleines nützliches Programm, das sich andere Websitebetreiber auf ihrer Seite einbauen können. Als Urheber können Sie es mit einem legitimen HTML-Link versehen und es anderen zur Einbindung auf ihrer Website zur Verfügung stellen. Die werden es dankend annehmen und gerne auf Sie verweisen.

„Wenn Sie feststellen, dass der Mehrwert für Ihre User fehlt, sollten Sie ihn schaffen.“

Jeder muss selbst erkennen, was der Mehrwert seiner Website ist. Das kann auch ein guter und aktueller Content sein, ein einzigartiges Produkt oder ein ganz besonderer Service. Wenn Sie feststellen, dass der Mehrwert für Ihre User fehlt, sollten Sie ihn schaffen. Überlegen Sie einfach, was Sie selbst weiterempfehlen würden. Doch solch ein Mehrwert sollte nicht ausschließlich für Ihr Linkbuilding geschaffen werden. Denken Sie daran, wie skeptisch Sie wären, wenn der Supermarkt zwei Straßen weiter plötzlich den einzigartigen Brie zum halben Preis verkaufen würde.

4. Nutzen Sie das persönliche und berufliche Netzwerk zum Linkbuilding

Ihr Unternehmen baut permanent sein Beziehungsnetzwerk aus – sei es die Verbindung mit Geschäftspartnern, die Erschließung neuer Dienstleister oder das Eintreten in eine Organisation.

Die Wahl Ihrer Geschäftspartner treffen Sie mit Sicherheit sehr bedacht und sorgfältig. Sie ziehen aus diesen Partnerschaften direkt oder indirekt einen Nutzen. Und wahrscheinlich würden Sie sich nicht auf eine dubiose oder unsinnige Partnerschaft einlassen.

Diese ausgewählten Verbindungen können Sie auch für Ihr Linkbuilding einsetzen. Sie erwähnen sich gegenseitig auf Ihren Websites? Dann verlinken Sie sich doch auch. Sie stärken so Ihre Partnerschaft auch im Netz. Durch die gegenseitigen Verweise empfehlen Sie sich und erhalten wertvolle, repräsentative Links.

Verlinken Sie sich mit Geschäftspartnern und Kammern oder Vereinen, in denen Sie Mitglied sind.

Gleiches gilt für Mitgliedschaften in Kammern, Vereinen oder Interessengemeinschaften. Solche Organisationsformen bieten meist Mitgliederverzeichnisse auf ihren Websites an. Als ein Teil davon können, nein, müssen Sie dort erwähnt und verlinkt werden. Gerade von Links von solch meist sehr angesehenen Seiten profitieren Sie.

Beziehungen zu Dienstleistern können Sie auch optimal nutzen. Sie stellen sicherlich eine gute Referenz für einige Ihrer Lieferanten dar. Sprechen Sie diese ganz direkt darauf an. Fragen Sie, ob sie Sie auf ihrer Website verlinken und somit auch ihre eigene Kompetenz unterstreichen.

5. Greifen Sie interne Verbindungen auf

Unabhängig von Ihren Geschäftsbeziehungen können Sie auch auf Ihr eigenes internes Firmennetzwerk zurückgreifen. Hier sind Sie nicht von der Linkgüte eines anderen abhängig.

Haben Sie verschiedene Domains? Dann verknüpfen Sie diese untereinander.

Werfen Sie einen Blick auf Ihr Domain-Portfolio und schöpfen Sie es aus. Verknüpfen Sie Ihre unterschiedlichen Domains durch zielgerichtete Links. Das ist eine naheliegende Maßnahme und wird von Suchmaschinen als natürliche Linkgebung gewertet, sofern Sie es nicht übertreiben. Beachten Sie aber, dass nur Links von Domains relevant sind, die über eigenen Content verfügen und als selbstständige Webauftritte im Netz angesehen werden. Links von nicht genutzten und vor geraumer Zeit registrierten Type-in-Domains bringen nichts fürs Linkbuilding.

Beispielsweise haben Sie eigene Domains für bestimmte Produkte, für Ihre Recruiting-Maßnahmen oder sogar Charity-Projekte. Von diesen Domains sollten Sie allein aus informativen Gründen Links auf Ihre Hauptdomain schalten. Diese weiterführenden Links zählen nicht nur für Suchmaschinen, sondern helfen auch dem User weiter.

Oder Sie gehören zu einem Konzern oder haben selbst Tochterunternehmen. Diese natürlich gegebenen Verbindungen sollten Sie unbedingt im Web aufgreifen. Zum einen zeigt das dem User deutlich, wo er Sie einordnen kann. Zum anderen ist es förderlich für Ihren Linkaufbau.

Berücksichtigen Sie immer alle Verbindungen, die ohnehin bestehen. Nichts spricht dagegen, sie online zu erhalten.

6. Führen Sie eine 404-Analyse durch

Viele bereits bestehende Links auf Ihren Internetauftritt erreichen nicht ihr gewünschtes Ziel. Grund dafür sind nicht mehr bestehende oder verschobene Linkziele.

Um das zu erkennen und zu beheben, dient die sogenannte 404-Analyse.

Diese können Sie mit Hilfe der Google Webmaster-Tools durchführen. Hierbei handelt es sich um ein kostenfreies Tool von Google, das dem Webmaster Informationen über die Auslesbarkeit der eigenen Webseite für Google liefert. Auf der Seite www.google.com/webmasters/tools können Sie sich einen Zugang für Ihre Website freischalten lassen.

Die Google Webmaster-Tools helfen Ihnen bei der Analyse Ihrer Website.

In der Rubrik „Crawling-Fehler“ gibt es den Punkt „Nicht gefunden“. Dort sehen Sie alle Fehlerseiten mit dem HTTP-Statuscode **404 Not Found** sowie die linkgebende Website. Links, die auf 404-Seiten verweisen, sind Links, deren Linkziel nicht mehr existiert und die folglich von Google nicht mehr gewertet werden. Aus Suchmaschinen-, aber auch aus Nutzersicht sind das „verschenkte“ Links. Um weiterhin von ihnen zu profitieren, sollten Sie diese Sites mit einer **permanenten Weiterleitung (301 Redirect)** versehen. Dadurch wird jeder Aufruf der nicht gefundenen Website auf eine andere URL umgeleitet.

Ein typisches Beispiel für 404-Seiten sind Produkt-Aktionsseiten, die eigens für eine Kampagne geschaltet wurden. Sie haben einen Newsletter verschickt und verweisen darin auf genau diese Aktionsseite. Nach Ablauf der Aktion werden Produkt und Website aus dem Bestand genommen. Die Links aus Ihrem Newsletter und eventuell auch Links von anderen Websites bestehen aber noch. Um diese aufzufangen, leiten Sie die abgelaufenen Aktionsseiten auf einen Ihrer aktuellen Produktseiten-Ordner mit einer Übersicht Ihrer Produkte um. Im Zweifelsfall können Sie auch auf Ihre Startseite umleiten.

Leiten Sie abgelaufene Aktionsseiten um, zum Beispiel auf Ihre Startseite.

404s werden selten vollständig in den Webmaster-Tools angezeigt. Es empfiehlt sich daher, die 404-Analyse als etwa vierwöchentliche Routine einzuführen.

7. Analysieren Sie Ihre Konkurrenz

Ein guter Weg des Linkaufbaus ist – wie bei so vielem –, auch ein Auge auf die Konkurrenz zu werfen. Doch die Konkurrenz ist online nicht zwingend die gleiche wie offline.

Prüfen Sie im ersten Schritt, wer Ihre Online-Mitbewerber sind. Durchforsten Sie die Suchmaschinen anhand Ihrer wichtigen Keywords. Schnell werden Ihnen Websites auffallen, mit denen Sie immer wieder konfrontiert werden. Überschneidungen zu Ihnen bereits bekannten Offline-Konkurrenten sind natürlich nicht ausgeschlossen.

Welche Websites verlinken auf Ihre Konkurrenz?

Im nächsten Schritt analysieren Sie, welche Websites auf Ihre Online-Konkurrenz verlinken. Dazu geben Sie unter www.yahoo.com folgende Abfrage mit der Domain Ihres Konkurrenten ein:

linkdomain:IhrKonkurrent.de -site: IhrKonkurrent.de

So sehen Sie alle Websites, auf denen Ihr Konkurrent verlinkt wird. Sie werden auch auf Foren oder Blogs aufmerksam, in denen über Ihren Mitbewerber gesprochen wird. Diese Abfrage liefert Ihnen also Vorschläge für Ihre eigenen Backlinks. Denn Sie wissen nun, welche Websites sich mit Ihrer Branche beschäftigen und wo Verlinkungen möglich sind.

Im letzten Schritt schreiben Sie diese Websitebetreiber per E-Mail an und machen sie auf sich und Ihren Webauftritt aufmerksam. Nicht jeder wird sofort einen Link zu Ihnen setzen. Doch mit etwas Übung, einer klaren Intention und den richtigen Anreizen sind Ihnen Erfolge in naher Zukunft sicher.

8. Sprechen Sie Ihre Kunden an

Was ist bessere Werbung als ein zufriedener Kunde, der Sie weiterempfiehlt? Zukünftige Käufer informieren sich oft online, lesen Rezensionen und vertrauen auf Kundenmeinungen.

Für einen guten Linkaufbau gehören auch Kundenmeinungen in Ihr Portfolio. Sicherlich schreiben einige Ihrer Kunden Rezensionen, berichten zufrieden in Foren oder widmen Ihnen einen Blogbeitrag. Doch das Gros ist eher passiv. Sprechen Sie Ihre Kunden direkt an. Machen Sie Vorschläge, wie und wo sie Sie weiterempfehlen können.

Geben Sie Ihren Kunden die Möglichkeit, Positives über Sie zu berichten.

Angenommen Sie betreiben einen Online-Shop. Dann können Sie Kunden unmittelbar bei der Bestellung darauf aufmerksam machen. Schlagen Sie beispielsweise in Form eines Pop-ups oder in der Bestätigungs-E-Mail vor, auf anderen Websites über Sie zu berichten, samt Link, versteht sich. Eine weitere Möglichkeit ist die Versendung von Mailings oder Newslettern an Ihre (Stamm-)Kundschaft. Als Anreiz können Sie einen sogenannten Promotion-Code einführen. Das bedeutet: Jemand, der nachweislich positiv über Sie berichtet und Sie verlinkt, erhält einen Vorteil beim nächsten Einkauf, zum Beispiel einen Rabatt.

Wer nun denkt, dies sei Linkkauf oder Bestechung, den kann ich beruhigen: Es ist eine legitime Art des Linkaufbaus. Denn nur wer wirklich zufrieden ist und Sie gerne weiterempfiehlt, macht es auch. Manchmal braucht es nur einen kleinen Anstoß, um aus einem passiven Kunden einen Meinungsmacher werden zu lassen.

9. Setzen Sie Deeplinks

Die Startseite (Homepage) Ihres Webauftritts ist der Einstieg in Ihre Internetpräsenz. Oft entscheidet der User schon hier, ob er bleibt. Dennoch sollte nicht nur Ihre Homepage verlinkt werden. Sie haben Ihren Web-

auftritt sorgfältig geplant, sich Gedanken über die Navigation gemacht und die jeweiligen Seiten mit interessanten Inhalten versehen. Zeigen Sie das auch.

Verlinken Sie Ihre Unterseiten durch Deeplinks.

Links auf Ihre Unterseiten, sogenannte Deeplinks, sind ein wertvoller Bestandteil Ihres Linkbuildings. Wird ein Deeplink gesetzt, spricht das für die Qualität seines Ziels, und die ganze Website profitiert davon. Beispielsweise kann ein Link zu einem bestimmten Produkt führen. Der User ist sofort da, wo er hinwollte. So wird verhindert, dass er sich wieder von Ihrer Website abwendet, da er nicht auf Anhieb findet, was er sucht. Ist er mit der Produktseite zufrieden, ist die Wahrscheinlichkeit, dass er bleibt und sich ein wenig durchklickt, jedoch viel größer.

Darüber hinaus fördern Deeplinks auch die Indexierung des gesamten Auftritts. Webcrawler beginnen mittlerweile nicht mehr nur bei Ihrer Homepage, sondern steigen auch auf Unterseiten ein. Deeplinks bestimmen genau diese Einstiegspunkte in Ihre Website.

Und zu guter Letzt wirkt Ihr Linkprofil durch einen entsprechenden Deeplink-Anteil in den Augen Googles deutlich natürlicher.

10. Kein Linkkauf!

Linkaufbau bedeutet stetiges Wachstum Ihrer Backlinks. Dazu gehören verschiedene Linktypen von diversen Quellen. Sie können Verweise von Websites, Blogs, Linkverzeichnissen, Katalogen und vielem mehr erhalten. Lässt sich so ein Rundumpaket auch kaufen?

Schnelles großes Wachstum ohne viel Aufwand: eine Wunschvorstellung von vielen. Sie kaufen auf einen Schlag eine große Anzahl an Links und können sich sogar den Page-Rank der linkgebenden Seiten aussuchen. Doch davon rate ich Ihnen entschieden ab.

Zum einen ist ein natürlicher Linkaufbau nicht schnell. Es fängt mit ein paar Links an und peu à peu werden es mehr. Ihre Website wird bekannter, sie genießt mehr Vertrauen und die Anzahl der Backlinks wächst kontinuierlich. Beim Linkkauf durch einen Anbieter erhält sie nicht nur am Anfang sehr viele Backlinks auf einmal, sondern auch noch Links mit vielen gleichen gesteuerten Linktexten. Das wird Google skeptisch machen und weitere Prüfungen nach sich ziehen. Erkennt Google Ihren Linkkauf, werden Sie abgestraft und tauchen nicht mehr in den Suchergebnissen auf. Auch ein aufmerksamer User könnte Sie melden.

Wer Links kauft, riskiert den kompletten Ausschluss bei Google.

Zum anderen verfälschen Sie durch das Kaufen von Links den Google-Algorithmus. Websites wird aufgrund ihrer Verlinkungsstruktur eine Gewichtung zugeordnet, der sogenannte Page-Rank. Sie verstoßen mit Linkkauf eindeutig gegen die Google-Richtlinien, die Sie hier nachlesen können: http://www.google.com/support/webmasters/bin/answer.py?hl=de&answer=35769.

In der Vergangenheit kam es schon häufig vor, dass Linkverkäufer und Linkkäufer von Google abgestraft wurden. Im Extremfall droht sogar der komplette Ausschluss bei Google, was bei einem Marktanteil von über 90 % einem Super-GAU gleichkommt.

Fünf typische Fehler im Linkbuilding

Die 5 häufigsten Fehler

- **Sie trennen den Linkaufbau von Ihrer restlichen Außenkommunikation.**

Viele Online-Verantwortliche betrachten das Thema Linkbuilding noch immer als ein eigenes, vielleicht sogar zeitlich begrenztes Projekt. Doch Links sind nichts anderes als das Ergebnis einer guten Unternehmenskommunikation. Sie sollten daher bei allen Aktionen Ihrer Außenkommunikation auch an die Generierung von Links denken. Somit sollten auch sämtliche Abteilungen, die sich mit der Außenkommunikation in Ihrem Unternehmen beschäftigen (zum Beispiel Geschäftsleitung, Marketing, PR, Personal), für das Thema Linkbuilding sensibilisiert werden.

- **Ihr Linkaufbau ist übertrieben.**

Das Generieren von Links ist in erster Linie eine natürliche Entwicklung. Je interessanter Ihre Inhalte sind, desto mehr Websitebetreiber werden Ihre Inhalte verlinken. SEO-Kriterien, wie zum Beispiel die Nennung des Keywords im Linktext („Keywordlink"), sollten daher beim Linkaufbau eine untergeordnete Rolle spielen. Denn zu viele Links mit dem gleichen Linktext sind nicht förderlich, im Gegenteil: Ehe Sie sich's versehen, haben Sie durch Ihre Maßnahmen ein unnatürliches Linkprofil entwickelt.

- **Alle Maßnahmen werden auf einmal gestartet.**

Verschießen Sie nicht Ihr gesamtes Linkaufbaupulver auf einmal. Wie Sie im Tipp „Linkkauf" gelesen haben, ist auch die Entwicklung Ihrer Backlinks wichtig. Lassen Sie also etwas Spielraum, beobachten Sie, welche Auswirkungen getroffene Maßnahmen haben, und entscheiden Sie dann weiter.

- **Ihr Linkaufbau ist zu einseitig.**

Sie werden keinen Erfolg haben, wenn Sie nur Links über Pressemitteilungen aufbauen oder sich in 500 Kataloge eintragen. Diversifikation ist das Stichwort im Linkaufbau.

- **Sie vergessen grundsätzliche Regeln des Marketings oder der Kundenkommunikation.**

Linkaufbau ist vergleichbar mit einem Online-Beliebtheitswettbewerb. Je besser Sie sich verkaufen und mit Ihren Kunden kommunizieren, desto besser wird Ihre Position. Und umgekehrt ist dies leider auch der Fall: Unzufriedene Kunden sind langfristig kein Geschäftsmodell.

Tjalf Nienaber

Mehr Erfolg mit Online-Netzwerken

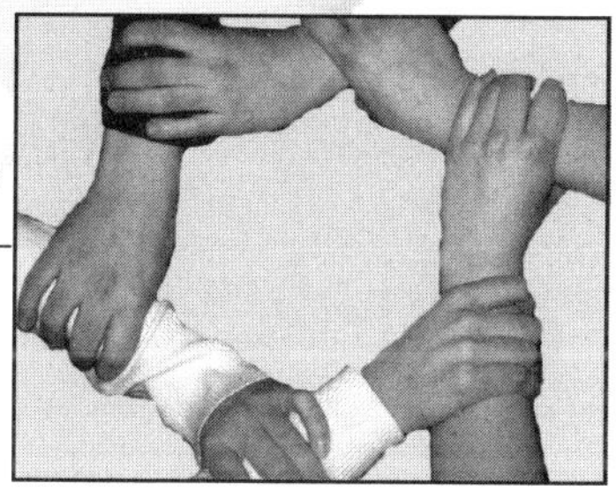

Es gibt inzwischen ein ganzes Universum an Online-Netzwerken und jeden Tag kommen neue hinzu. Fast alle Branchen und Berufe sind im Internet vertreten. Wer sich vernetzen möchte und dabei nicht strategisch vorgeht, verzettelt sich schnell – und vergeudet damit das enorme Potenzial, das in Communitys schlummert. Damit Ihnen das nicht passiert, verrät Ihnen dieser Beitrag die 10 goldenen Regeln für Ihr Online-Networking.

Der Autor

Tjalf Nienaber

Tjalf Nienaber gründete nach einer Karriere im Finanzdienstleistungsvertrieb – unter anderem bei der Deutschen-Bank-Gruppe in leitender Position – erfolgreiche Internet-Unternehmen und war Mitglied des Management-Teams der Scout24. Er ist einer der Pioniere des professionellen Networkings in Deutschland. Heute zählt Tjalf Nienaber zu den weltweit führenden Netzwerk-Betreibern (www.networx.info). Mit seinen Veranstaltungen brachte er schon weit über 60.000 Personen zusammen. Zum strategischen Einsatz von Online- und Offline-Netzwerken berät er Verlage und Unternehmen. Daneben ist er gefragter Referent zu diesen Themen.

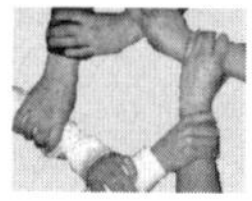

Mehr Erfolg mit Online-Netzwerken

Sicher haben Sie es auch schon gehört: Online-Networking boomt. Die Plattformen gehören zu den am häufigsten aufgerufenen Internetseiten. Kein Wunder: Mit den virtuellen Communitys lässt sich schnell viel erreichen. Sie können Ihren Bekanntheitsgrad erhöhen, Ihr Image steuern und Ihre Expertise ausbauen. Sie können wertvolle Kontakte knüpfen, von denen jeder ein neuer Kunde sein könnte. Sie können Wissen austauschen, den perfekten Mitarbeiter oder den Traumjob finden … Die Möglichkeiten sind enorm.

Vielleicht saßen Sie deshalb auch schon vor dem Computer, mit dem festen Ziel, sich zu vernetzen. Womöglich haben Sie irgendwann aufgegeben, weil Sie im Dschungel der Online-Netzwerke Überblick und Lust verloren haben. Oder Sie sammeln seit Jahren Kontakte bei XING, bloggen und twittern fleißig, erzielen damit aber keine nennenswerten Resultate. Die Ferndiagnose lautet: Sie haben keine Strategie.

Das Fundament Ihrer Networking-Strategie: Was und wen wollen Sie erreichen?

Die erste Frage, die Sie sich stellen sollten, bevor Sie mit dem Networking loslegen, lautet: Was und wen wollen Sie eigentlich erreichen? Ihre Networking-Strategie ist umso vielversprechender, je präziser Sie darauf antworten. Erst dann können Sie geeignete Netzwerke auswählen. Damit Sie dabei die bestmögliche „Ausbeute“ erzielen und die gröbsten Fehler umschiffen, lesen Sie hier die goldenen zehn Networking-Regeln.

Erste Notizen:

....

....

1. Definieren Sie Ihre Ziele klar

Was wollen Sie mit dem Networking erreichen – kurz -, mittel- und langfristig?

Wie ist Ihr Status quo?

Beantworten Sie diese Frage nicht allgemein mit „mehr Erfolg" oder „mehr Kunden". Seien Sie möglichst konkret: „Hochwertige Kontakte zur Branche/Firma XY", „Nutzen von Synergien", „Aufbau eines Images als Spezialist für …". Reflektieren Sie auch, wo Sie aktuell stehen: In welchen Netzwerken sind Sie bereits aktiv, etwa über Hobbys oder soziales Engagement? Vielleicht gibt es hier bereits jemanden, der Sie unterstützen kann.

2. Es gibt für fast alle Branchen, Berufe und Interessengruppen Online-Netzwerke, doch: Weniger ist mehr!

Wählen Sie die renommierten Netzwerke aus und konzentrieren Sie sich zunächst auf diese. Beobachten Sie regelmäßig den Markt.

Konzentrieren Sie sich auf das Wesentliche, denn sicher ist Ihre Zeit knapp. Stecken Sie Ihre Energie zunächst in eine kleine Anzahl der etablierten Netzwerke, ausweiten können Sie Ihr Engagement später immer noch. Schauen Sie regelmäßig, wie sich die neuen Netzwerke, die täglich dazukommen, entwickeln.

Kombinieren Sie verschiedene Netzwerktypen.

Fachlicher Austausch oder neue Aufträge? Bestimmt suchen Sie beides. Sie sollten daher verschiedene Netzwerktypen kombinieren. Für den Wissenstransfer sind berufs- und branchenspezifische Netzwerke bestens geeignet. Sie lernen hier die Schlüsselfiguren Ihrer Branche kennen. Gemischte Communitys wie XING oder Facebook bieten dagegen bessere Chancen für Jobs und Aufträge. Nützen Sie auch Hobbys: Wenn Sie segeln, suchen Sie sich eine hochkarätige Segel-Community.

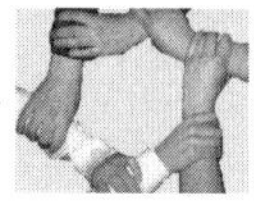

3. Sie können sich nicht von heute auf morgen nachhaltig vernetzen

Pflegen Sie Ihre Kontakte, bauen Sie Vertrauen auf und geben Sie, bevor Sie nehmen!

Um zu ernten, müssen Sie zunächst säen. Ihr Gegenüber sollte nicht das Gefühl haben, dass Sie in ihm nur einen potenziellen Kunden sehen. Gute, nachhaltige Kontakte wollen gepflegt werden. Zum erfolgreichen Networking gehört entspannter Spaß – und Geduld.

> „Um zu ernten, müssen Sie zunächst säen.“

Netzwerke sind Win-win-Konstellationen. Erwarten und nehmen Sie nicht nur, sondern bringen Sie sich von Anfang an aktiv mit dem eigenen Erfahrungsschatz und dem Nutzwert, den Sie zu bieten haben, ein.

4. Legen Sie sich eine virtuelle Visitenkarte zu

Sie benötigen für Ihre Online-Aktivitäten ein aussagekräftiges Profil. Überlegen Sie genau, was Sie von sich preisgeben wollen.

Eine klare und wahre Positionierung.

Steigen Sie dort ein, wo Sie eine Expertise haben und authentisch sein können. Kompetenz überzeugt immer. Sie können sich in Online-Netzwerken gezielt ein Image aufbauen. Ihr Profil sollte Ihre Qualifikation auf den Punkt bringen und ein gutes, sympathisches Foto von Ihnen enthalten.

Das Internet hat ein gutes Gedächtnis! Geben Sie nicht vor, etwas zu sein oder zu können, das nicht der Wahrheit entspricht.

5. Stellen Sie Synergien zu komplementären Geschäftspartnern her

Wenn Sie regelmäßig in Netzwerken Ihrer Branche aktiv sind, kennen Sie die Key-Player. Sie haben das Ohr an der Basis und wissen, was gefragt ist.

Komplettlösungen bieten.

Nutzen Sie Ihr Networking-Know-how und bauen Sie ein Kontaktnetz zu Anbietern auf, die Ihre eigene Leistung oder Ihr Produkt sinnvoll ergänzen. So können Sie Ihren Kunden attraktive Komplettlösungen bieten und sich von Mitbewerbern abheben.

6. Teilen Sie sich Ihre Zeit für das Networking gut ein

Legen Sie fest, wie viel Zeit Sie pro Woche auf das virtuelle Networking verwenden wollen – und halten Sie sich daran!

Behalten Sie den Überblick!

Profile zusammen- und einstellen, Kontakte pflegen, Kommentare schreiben: Netzwerke können sich schnell zum Zeitfresser entwickeln. Gleichzeitig sind sie ein wichtiges Instrument für Marketing, Akquise und Öffentlichkeitsarbeit. Setzen Sie sich ein zeitliches Limit für Ihre Networking-Aktivitäten und planen Sie, was Sie wann tun.

Sie müssen nicht alles selbst machen! Sie können auch Ihre Mitarbeiter Ihr Image pflegen lassen. Es gibt zudem immer mehr Dienstleister, die sich auf das Pflegen von Online-Profilen und das Erstellen von Social-Media-Texten spezialisiert haben

7. Gründen Sie Ihr eigenes Netzwerk

Das Schöne ist: Jeder User kann sich seine eigene Community aufbauen, die ihn lebenslang begleitet.

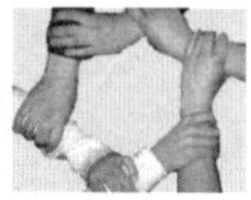

Vielleicht gehören Sie zu einer der Branchen, die im Internet noch unterrepräsentiert sind? Beginnen Sie doch zunächst damit, eine eigene Gruppe in einem der etablierten Netzwerke zu eröffnen. Wenn Sie etwas Erfahrung haben, können Sie in eine eigene Community-Lösung investieren. Diese gibt es bereits zu überschaubaren Konditionen. So haben Sie die Steuerungselemente in der Hand und werden selbst Zielgruppenbesitzer!

Die Zielgruppe sind Sie!

8. Der Mix macht's! Kombinieren Sie Online- mit Offline-Netzwerken

Bei Offline-Netzwerk-Treffen sollten Sie die Kontakte, die Sie im Internet geknüpft haben, intensivieren.

Virtuelle Communitys sind schnell. Dort können Sie sprunghaft Ihren Bekanntheitsgrad erhöhen und in einem kurzen Zeitraum viele Menschen kennenlernen. Die Plattformen gehören zu den meistabgerufenen Websites. Ein weiterer Vorteil der virtuellen Netzwerke ist, dass Sie zeitlich flexibel agieren können. Sie sollten aber auch regelmäßig Offline-Treffen besuchen. Hier können Sie den Kontakt persönlich ausbauen und ihm eine stabile Basis geben. Online können Sie ihn dann weiterpflegen. Aus der Kombination von online und offline entsteht der tragfähigste Netzwerktyp.

Online und offline = tragfähiges Netzwerk.

9. Wahren Sie Grenzen zwischen Beruf und Privatleben

Klar trennen lassen sich die verschiedenen Lebensbereiche längst nicht mehr. Dennoch sollten Sie nicht zu freizügig mit Informationen umgehen!

Social Networks sind eigentlich auf private Zwecke ausgerichtet. Halten Sie sich dennoch mit allzu intimen Informationen zurück. Sie wissen nie, wer sich hinter dem

Ein zweites Profil fürs private Networking.

lustigen Nickname verbirgt. Auch bei den Foren und Gästebüchern der Business-Communitys sollten Sie Kommentare nur mit Bedacht abgeben. Natürlich darf es „menscheln". Sie sollten aber dennoch Grenzen wahren und stets als Geschäftsperson handeln. Legen Sie sich im Zweifelsfall lieber ein weiteres, anonymisiertes Profil für Ihr privates Networking zu.

10. Scheuen Sie sich nicht, Kontaktanfragen abzulehnen!

Überlegen Sie genau, wen Sie in Ihren engeren Kontaktkreis aufnehmen. Die Qualität Ihres Netzwerks ist viel wichtiger als seine Größe.

Immer freundlich bleiben!

In vielen Business-Netzwerken kontaktieren Mitglieder wahl- und ziellos, um ihr Netzwerk möglichst schnell auszubauen. Scheuen Sie sich nicht, Kontaktanfragen von Personen, die nicht aus Ihrem beruflichen oder privaten Umfeld stammen, abzulehnen. Investieren Sie Ihre Energie lieber in den Ausbau der wertvollen Kontakte. Bleiben Sie dabei aber auch bei der Ablehnung stets freundlich und respektvoll.

Zusammenfassung

Zum Schluss:

Mit diesen zehn Regeln können Sie Online-Netzwerke optimal für Ihren Erfolg nutzen. Am meisten profitieren Sie, wenn Sie zwischen den verschiedenen Netzwerktypen mischen. Ihre virtuellen Communitys sollten Sie durch regelmäßige Offline-Treffen intensivieren. Vielleicht sind Sie noch unschlüssig, wie viel Zeit Sie auf die Netzwerkpflege verwenden sollten. Einige Experten empfehlen, im Schnitt etwa eine halbe Stunde täglich für das Pflegen von virtuellen Kontakten und die Aktualisierung Ihrer Profildaten zu verwenden.

Letztlich ist dies aber eine Entscheidung, die jeder für sich selbst treffen muss. Welche Bedeutung Online-Netzwerke für Ihren beruflichen Erfolg haben, ist sicher auch davon abhängig, in welcher Branche Sie tätig sind. Es gibt aber kaum mehr Berufe oder Interessengruppen, die nicht durch Communitys im Netz vertreten sind.

Wer eine neue berufliche Herausforderung sucht, dem helfen Business-Netzwerke oft schneller und besser als die klassischen Vermittlungsmodelle. In Zeiten, in denen das Budget für Weiterbildung oder der Werbeetat oft eingefroren werden, bieten Netzwerke eine kostengünstige Möglichkeit, sich weiterzuentwickeln, Entscheider zu treffen, den Markt zu analysieren und herauszufinden, was in der Branche vorgeht. Jeder Kontakt ist ein potenzieller neuer Kunde. In diesem Sinne: Viel Erfolg beim Netzwerken!

Die fünf häufigsten Fehler:

Die 5 häufigsten Fehler

- **Sie verzetteln sich!**

Sie sind in Dutzenden Netzwerken präsent und in keinem davon wirklich aktiv. Sie werden deutlich mehr Erfolg haben, wenn Sie sich auf die für Sie wirklich wichtigen Communitys beschränken und sich dort auch einbringen. Dazu brauchen Sie eine Strategie.

- **Kontakte werden nicht gepflegt.**

„Hunderte Kontakte" klingt gut, doch das nützt Ihnen überhaupt nichts, wenn es sich um virtuelle Karteileichen handelt. Auch online wollen die Kontakte gepflegt werden.

- **Ihr Profil stimmt nicht.**

Wenn Sie mit Qualifikationen oder einem Status werben, der nicht der Wahrheit entspricht, wird das irgendwann herauskommen. Alle positiven Effekte des Networkings kehren sich dann in ihr Gegenteil!

- **Sie geben zu viel von sich preis!**

Ob Sie nun auf Facebook das Partyfoto hochladen oder Ihr Kommentar in einem Business-Netzwerk Ihre politischen Tendenzen offenbart: Seien Sie vorsichtig mit den Informationen, die Sie unter Ihrem Business-Profil veröffentlichen.

- **Sie nehmen, ohne zu geben.**

Sie können aus einem Netzwerk nur das herausholen, was Sie auch investieren. Wenn Sie nur fordern und nur auf Ihren Vorteil aus sind, fühlen sich Ihre Kontakte – zu Recht – schnell ausgenützt.

Ihre Notizen:

....

....

Klaus Eck

Wie Sie Ihr Unternehmen mit Online-PR bekannt machen

Immer mehr Unternehmen nutzen die Möglichkeiten der Online-Welt, um sich und ihre Produkte und Dientsleistungen bekannt zu machen. Wie auch Sie Corporate Blogs oder Social-Media-Anwendungen wie Twitter, Facebook oder YouTube für Ihre Online-PR nutzen können, verrät Ihnen dieses Kapitel.

Der Autor

Klaus Eck

Der Kommunikationsberater Klaus Eck (45) hat sich auf die Themen Corporate Blogs, Social-Media-Marketing sowie Online-Reputation-Management spezialisiert. Er hilft mit seinem Unternehmen Eck Kommunikation beratend beim Aufbau und bei der Pflege einer eindeutigen Markenpositionierung im Internet, baut die Online-Reputation von Unternehmen auf und setzt dazu unter anderem die Social-Media-Möglichkeiten des Webs (Corporate Blogs, Facebook, Xing, Twitter) gezielt für die Online-PR ein. Sein PR-Blogger.de ist seit mehr als fünf Jahren das erfolgreichste deutsche Fachblog zur Online-Kommunikation. Klaus Eck ist zudem ein gefragter Social-Media-Experte, Redner und Interviewpartner.

Wie Sie Ihr Unternehmen mit Online-PR bekannt machen

Pressearbeit beschränkt sich schon lange nicht mehr auf die traditionellen Medien Print, Hörfunk und TV. Eine zunehmend bedeutendere Rolle spielt das Internet, und immer mehr Unternehmen nutzen die Möglichkeiten der Online-Welt, um sich und ihre Produkte und Dienstleistungen bekannt zu machen.

Der typische Pressebereich auf der Website ist heute überholt.

Dabei genügt es jedoch schon lange nicht mehr, lediglich mit einer eigenen Website präsent zu sein und dort einen Pressebereich mit Pressemeldungen, Bildern und Logos zum Download anzubieten. Nutzen Sie zusätzlich die Möglichkeiten eines Weblogs, um Ihren Kunden wichtige Neuigkeiten mitzuteilen und sich so im Gespräch zu halten. Auch auf den großen Social-Media-Plattformen wie Twitter, Facebook oder YouTube sollten Sie vertreten sein und dort auf Ihr Unternehmen aufmerksam machen.

Achten Sie auf Ihre Online-Reputation.

Doch zur effektiven Online-PR gehört noch mehr: Behalten Sie stets im Auge, was andere über Sie und Ihr Unternehmen schreiben, und achten Sie auf Ihre Online-Reputation. In Bewertungsportalen kann heute jeder seine Meinung kundtun und Ihrem Unternehmen damit erheblichen Schaden zufügen. Damit Sie in solchen Fällen angemessen reagieren können, benötigen Sie auch eine gut durchdachte Krisen-PR.

Worauf Sie bei Ihrer Online-PR-Strategie achten sollten, verraten Ihnen die zehn ganz konkreten Tipps in diesem Beitrag.

1. Verabschieden Sie sich von Ihrer klassischen Website

Viele Kunden orientieren sich im Internet mit einer einfachen Suchabfrage auf Google. Darüber gelangen sie zwar zu Ihrer Website und können sich auf ihr orientieren. Doch was machen Sie, wenn Ihre Kunden stattdessen lieber in ihren Netzwerken aktiv bleiben und sich nur dort umschauen?

Um Ihre klassische Webadresse bekannt zu machen, müssen Sie sehr viel Zeit und Geld für die Suchmaschinenoptimierung ausgeben. Ob sich dieser Aufwand jedoch wirklich lohnt, ist fraglich, denn oftmals achten die Kunden auf die Online-Reputation von Unternehmen. Der erste Eindruck entsteht nicht nur über eine Website, sondern über die Suchtreffer und die Online-Empfehlungen, die Ihr Unternehmen erhält. Daher ist es sinnvoll, in möglichst vielen Social Networks (XING, Facebook, Google Buzz, Twitter, LinkedIn, Flickr, YouTube etc.) vertreten zu sein.

Sichern Sie sich in den Social Networks Ihren Namen.

Am besten sichern Sie sich in den Networks Ihren Namen, damit niemand dort den digitalen Ruf Ihrer Marke ruinieren kann und Sie als Ansprechpartner Ihres Unternehmens erreichbar sind. Wenn Sie als Mitarbeiter einer Firma Mitglied in einem Social Network werden, entscheiden allein Sie, welche Inhalte in Ihrem Online-Profil zu finden sind. Darin sind in der Regel auch Informationen zu Ihrem Unternehmen enthalten. Darüber hinaus können Sie eine Unternehmenspräsenz auf XING, Facebook und Twitter aufbauen und darüber gezielt Kontakte zu Ihren Kunden ausbauen.

2. Welche professionellen Voraussetzungen hat eine gute Online-PR?

Die Basis einer guten Online-PR ist ihre öffentliche Wahrnehmung.

Als Erstes müssen Sie sich fragen, wie über Ihr Unternehmen im Internet gesprochen wird und wie Sie darauf am besten positiv Einfluss nehmen können. Selbst wenn Sie kaum oder gar nicht im Netz aktiv sind und sich dort nicht um den digitalen Ruf Ihrer Marke gekümmert haben, können Sie nicht davon ausgehen, dass es dort keine Inhalte zu Ihrem Unternehmen gibt.

Wie können Sie beeinflussen, was über Sie im Internet geschrieben wird?

! Zusammenfassung

Voraussetzungen einer guten Online-Reputationsstrategie

- Stellen Sie Ihre positiven Referenzen möglichst gesammelt auf einer Webseite vor, sodass diese gut gefunden werden können. Das erhöht Ihre Glaubwürdigkeit und zeigt Ihre Kompetenzen.
- Nehmen Sie aktiv an der Online-Welt teil, indem Sie Kommentare in Blogs hinterlassen, selbst Fachtexte in Blogs oder an anderer Stelle veröffentlichen, Bookmarks mit anderen austauschen und sich in den Social Networks mit (potenziellen) Geschäftspartnern vernetzen.
- Falls Sie in den Social Networks aktiv sind, bauen Sie das noch weiter aus und überlegen Sie sich dafür ein Konzept.
- Sobald Ihnen bewusst ist, dass Sie ein Reputationsproblem bekommen könnten, sollten Sie damit rechnen, dass dieses anderen ebenfalls nicht entgeht, und dem präventiv begegnen. Abwarten reicht hierbei bei Weitem nicht aus.
- Damit Sie rechtzeitig reagieren können, benötigen Sie ein Social Media Monitoring, das Sie schnell über Krisen informiert. Am schnellsten lassen sich automatisierte Suchen über einen Google Alert einrichten.

3. Wie sieht ein Online-Pressebereich aus?

Ein Social-Media-Newsroom ist die logische Weiterentwicklung des klassischen Pressebereichs auf der Homepage.

„Soziale Netzwerke gewinnen kontinuierlich an Bedeutung."

Soziale Netzwerke gewinnen kontinuierlich an Bedeutung, sie sind Weg und Ziel der Datenautobahnen in einem. Die Anzahl der Nutzer wächst ebenso beständig wie das Bewusstsein über die Bedeutung von Facebook, Twitter & Co. für die Unternehmenskommunikation. In einer Zeit, in der die Menge an Informationen überwältigend ist und es zunehmend schwerer wird, diese zu managen, spielt die Übersichtlichkeit der Datenaufbereitung eine wesentliche Rolle. Diese Entwicklung muss im Pressebereich aufgegriffen werden.

Es genügt nicht, Pressemitteilungen, Bilder und Logos zur Verfügung zu stellen, obwohl das nach wie vor wichtig ist. Vielmehr muss in Betracht gezogen werden, dass sich die Unternehmenspräsenz im Netz weit über die Homepage hinaus erstreckt.

Ein Social-Media-Newsroom führt Ihre Aktivitäten zusammen.

Sind Sie mit Ihrem Unternehmen in sozialen Netzwerken vertreten und dadurch ständig im Dialog mit Ihrer Umwelt, so bietet sich ein Social-Media-Newsroom an. Der multimediale Pressebereich führt Ihre Social-Media-Aktivitäten zusammen und bietet den Journalisten, Bloggern und Kunden einen schnellen Überblick über Ihre Tätigkeiten im Netz. Darüber hinaus finden diese dort aktuelle Nachrichten, die bequem zu abonnieren sind. Wenn jemand Kontakt zu Ihnen aufnehmen möchte, so sollte er im Newsroom alle passenden Informationen finden und sich direkt per XING, Facebook und Twitter mit Ihnen vernetzen können.

4. Mit welchen Inhalten erreiche ich die Öffentlichkeit?

Es gibt im Internet zahlreiche Möglichkeiten, die eigenen Online-Texte zu veröffentlichen. Dabei ist es wichtig, sich an den Interessen seiner Leser zu orientieren und auf jegliche Werbung zu verzichten.

Beschränken Sie sich auf Themen, die Ihre Kunden unmittelbar betreffen.

Bei der Themenwahl sollten Sie sich auf die Dinge beschränken, die Ihre Kunden unmittelbar betreffen, und sich auf das Wesentliche konzentrieren. Ein Corporate Blog bietet sehr gute Chancen, sich im Web besser zu positionieren.

Zusammenfassung

Checkliste: Immer an die Leser denken

- Warum sollte jemand Ihre Produkte kaufen / Ihre Dienstleistungen in Anspruch nehmen? Was ist der Nutzen für den Kunden?
- Denken Sie immer an Ihre Kunden und gehen Sie auf deren Erwartungshaltung ein.
- Wie können Ihre Kunden von Ihrem Angebot profitieren? Stellen Sie Ihren speziellen Service detailliert und sehr pragmatisch vor.
- Teilen Sie Änderungen an Ihren Produkten oder Dienstleistungen am besten via Blog mit. Dadurch kommunizieren Sie unmittelbar mit Ihren Kunden und nehmen sie ernst.
- Machen Sie potenziellen Kunden in Ihrem Corporate Blog Gesprächsangebote, damit Sie Ihre Zielgruppe besser kennenlernen und Ihr Online-Journal optimieren können.
- Verzichten Sie darauf, Ihr Blog als direktes Verkaufsinstrument zu nutzen. Helfen Sie stattdessen Ihren Lesern mit Links und Inhalten und machen Sie sie so zu Kunden.

Als Inhalt eignet sich alles, was Ihre Kompetenzen in bestimmten Bereichen unterstreicht. Allerdings geht es bei Online-Texten nicht nur um die reine Information, sondern um einen Mehrwert, den Sie mit Ihrer persönlichen Meinung hinzufügen. Dadurch ordnen Sie bewusst den Stellenwert eines Themas ein und geben Ihren Lesern und Kunden Orientierung.

Aktuelle und exklusive Texte machen Ihren Weblog attraktiv.

Je aktueller und exklusiver die Texte eines Weblogs sind, desto attraktiver ist es für die Leser. Entscheidend für die Themenauswahl ist immer die Leserschaft, die Sie ansprechen möchten. Als Blogger sollten Sie möglichst mehrmals die Woche Beiträge veröffentlichen, damit die Aufmerksamkeit der Leser erhalten bleibt. Dadurch können Sie einerseits Präsenz zeigen und den Lesern das Gefühl vermitteln, immer up to date zu sein. Andererseits wirkt sich das regelmäßige Publizieren positiv auf Ihre Reputation und die Wahrnehmung des Blogs in den Suchmaschinen aus.

5. Krisen-PR in der Echtzeitkommunikation

Die Online-PR hat sich in den vergangenen Jahren massiv verändert. Es reicht nicht mehr aus, irgendwann auf Foren- und Medienberichte zu antworten.

Inzwischen müssen Sie beinahe in Echtzeit auch auf Kunden reagieren, die in Bewertungsportalen, auf Twitter oder in Blogs über Ihre Marke schreiben. Das ist nicht immer leicht, weil sie nur wenige Stunden Zeit haben, darüber zu entscheiden, ob Sie reagieren sollten oder nicht.

Die falsche Reaktion auf Kritik kann Ihre Position verschlechtern.

Wenn Sie auf die Kritik in Blogs, auf Twitter oder Facebook falsch reagieren, können Sie Ihre Position sehr schnell verschlechtern und sogar einen Reputationsschaden vergrößern, selbst wenn Sie sich sicher sind, dass die Online-Kritik keinerlei Berechtigung hat. Deshalb kommt es zunächst auf die richtige Einschätzung eines Online-Beitrags an: Wie relevant ist der Inhalt tatsächlich? Ist die

Kritik richtig? Oder nimmt ohnehin niemand den Beitrag wahr, weil das Blog kaum gelesen wird und dem Twitter-Account niemand folgt?

Bitten Sie den Multiplikator um Richtigstellung.

Ist die publizierte Behauptung eindeutig falsch und können Sie dies belegen, sollten Sie telefonisch den Kontakt mit dem Multiplikator aufnehmen und gegebenenfalls um Richtigstellung bitten. Allerdings ist es oftmals besser, darauf nicht zu bestehen, weil das negative kommunikative Folgen hat. Letztlich können Sie an der Tonalität der Kritik festmachen, ob es sich lohnt, einen Kontakt herzustellen, oder ob es besser ist, gar nicht auf die Kritik zu reagieren. Doch Sie sollten diese Angelegenheit zumindest beobachten, um darauf antworten zu können, sobald sie eine größere Öffentlichkeit erreicht.

6. Wie geht man richtig mit den Online-Multiplikatoren um?

In jeder Branche gibt es anerkannte Experten, die den Markt mit ihrer Meinung bewegen können.

Durch die vielfältigen Möglichkeiten der Konsumenten, sich online mitzuteilen, fällt es den Unternehmen jedoch mitunter schwer, herauszufinden, wer in ihrem digitalen Umfeld ein wichtiger Multiplikator ist. Das sind längst nicht mehr nur die Fachjournalisten oder eigenen Mitarbeiter. Manchmal arbeiten sich Kunden sehr intensiv in ein Thema ein und publizieren über ihre Erfahrungen fundiert im Internet. So etwas sollte einem Unternehmen nie gleichgültig sein.

Welche Meinungsbildner sind für Ihren Markt relevant?

Aus diesem Grund sollten Sie für Ihr Unternehmen die Meinungsbildner ausfindig machen, die für Ihren Markt relevant sind. Auf wen hören Ihre Kunden? Nutzen sie Blogs oder informieren sie sich lieber in den Foren oder Social Networks wie XING oder Facebook? Oder interessieren sie sich vor allem für Videos auf YouTube oder Twitter-Beiträge? Sobald Sie herausgefunden haben, an welchen digitalen Orten sich Ihre Zielgruppe online aufhält, können Sie darauf reagieren und die dort entstehende virtuelle Mundpropaganda für sich nutzen.

Analysieren Sie die Inhalte von Bloggern, Twitterern und anderen Netzwerkern.

Oftmals ist es für Unternehmen nur schwer zu verstehen, wie man überhaupt zu den Bloggern, Twitterern und sonstigen Netzwerkern ein vernünftiges Verhältnis aufbauen kann, weil es keine eindeutigen Regeln für den Aufbau einer Online-Beziehung gibt. Bevor Sie beruflich oder privat den Kontakt zu einem Onliner aufbauen, sollten Sie dessen Inhalte genau analysieren und dadurch herausfinden, wofür sich der Schreiber wirklich interessiert.

7. Online-PR in 140 Zeichen auf Twitter

Der Kurznachrichtendienst Twitter lässt sich hervorragend für die Online-Pressearbeit einsetzen. Damit diese auch effektiv ist, gilt es einige Tipps zu beachten.

- Verfolgen Sie anfangs andere Twitterer, vor allem Journalisten und Multiplikatoren mit vielen Kontakten, und lernen Sie das Prinzip kennen, bevor Sie selbst aktiv twittern.
- Legen Sie dazu einen Twitter-Account mit Ihrem Namen oder Ihrer Marke mit einem Bild und einer Kurzbiografie in 160 Zeichen an.
- Binden Sie ein Hintergrundbild ein, um sich von anderen Twitterern deutlich abzuheben.
- Abonnieren Sie die Inhalte anderer Nutzer, die Ihnen gefallen oder die als Multiplikator für Ihre Themen wichtig sein könnten.
- Jeder kann Ihre öffentlichen Twitter-Beiträge mitlesen und in den Suchmaschinen finden.
- Schreiben Sie in Ihren Twitter-Beiträgen über spannende Themen und bieten Sie Ihren Lesern einen unterhaltsamen oder informativen Mehrwert. Verzichten Sie lieber

auf plattes Eigenmarketing. Setzen Sie Links auf Ihre eigenen und auf fremde Websites.

- Schreiben Sie am besten fünf Tweets (Twitter-Artikel) pro Tag, dann werden Sie online besser wahrgenommen.
- Falls jemand Ihnen noch nicht folgt, können Sie seine Aufmerksamkeit mit @nutzername erhalten, indem Sie seine Fragen beantworten.
- Verzichten Sie auf das reine Verlinken von Pressemitteilungen und vermeiden Sie es, sich bei Multiplikatoren anzubiedern. Gute Beziehungen benötigen Zeit und die entsprechende Kontaktpflege. Dazu können Sie die Inhalte wichtiger Kontakte retweeten (einfach zitieren mit dem Verweis auf den Urheber).

8. Social Bookmarking ist ein wichtiges Instrument für das Agenda-Setting geworden

In Ihrem Browser haben Sie die Möglichkeit, eigene Favoriten oder Bookmarks zu setzen. Darüber hinaus können Sie aber auch online Bookmarks ablegen, auf die Dritte Zugriff erhalten. Hierbei spricht man von Social Bookmarking.

Mit Social Bookmarking können Sie Dritten Zugriff auf Ihre Bookmarks gewähren.

- Erstellen Sie zunächst ein aussagekräftiges Profil auf mister-wong.de, bevor Sie selbst Social Bookmarks setzen.
- Setzen Sie in der Regel mindestens drei Tags, um einen Bookmark gut einzuordnen.
- Verzichten Sie auf das Bookmarken um der Suchmaschinenoptimierung (SEO) willen. Wenn Sie nur auf Ihre eigenen Online-Angebote verweisen, büßen Sie an Reputation ein.

- Bei der Verlinkung sollten Sie sogenannte Deeplinks setzen, das heißt direkt auf die Quelle verweisen und nicht auf der ersten Ebene www.medium.de bleiben.
- Bevor Sie Ihre Inhalte in einen Social-Bookmarking-Service einfließen lassen, sollten Sie immer den Titel Ihres Online-Artikels überprüfen. Je besser die Überschrift formuliert ist, desto erfolgreicher werden Sie Aufmerksamkeit für den Text dahinter erzielen können.
- Verlinken Sie am besten auf die Originalquelle. Dadurch sparen Sie jedem Nutzer viel Recherchezeit.
- Nutzen Sie die Möglichkeit, einzelne Bookmarks näher zu beschreiben und anzuteasern, um die Aufmerksamkeit gezielt darauf zu lenken.
- Social Bookmarks werden oft von anderen Nutzern mit den Tags direkt übernommen. Auf diese Weise können Sie Ihre Botschaften sehr gut verbreiten, wenn Ihr Content positiv aufgenommen wird.

9. Bauen Sie im Internet immer Vertrauen auf

In Zeiten des Wandels (oder der Wirtschaftskrise) wird die Online-Kommunikation immer wichtiger. Wer sich in seine Organisation (Schneckenhaus) zurückzieht, aus allem ein Geheimnis macht und sich nur mit sich selbst beschäftigt, verliert schnell den Kontakt zu seinen Kunden.

Vernachlässigen Sie die Online-Kommunikation nicht.

Es fällt vielen Unternehmen schwer, den richtigen kommunikativen Zugang zu ihren Zielgruppen zu gewinnen. Hierbei wird vor allem die Online-Kommunikation häufig vernachlässigt und nur auf statische Texte gesetzt. Dabei reicht es heute längst nicht mehr aus, manchmal eine Pressemitteilung oder eine News auf der eigenen Website zu aktualisieren und sich ansonsten in Schweigen zu hüllen.

Aber worüber sollen wir denn schreiben, heißt es immer wieder. Es sei doch alles gesagt. Meistens suchen die

Unternehmen einen konkreten Anlass, ein berichtenswertes Thema. Sie stellen dann ein neues Produkt oder auch nur ein Feature oder einen weiteren Service vor, ohne zu bedenken, dass sich ihre Kunden auch für das Innenleben der Organisation oder für Branchenerfahrungen interessieren könnten und die Mitarbeiter kennenlernen wollen.

Schließlich will ich vielleicht als Käufer auch einmal mehr über die Marke erfahren und fühle mich gut unterhalten, wenn diese entsprechend inszeniert wird. Selbst die Köpfe hinter einer Marke können von Interesse sein, weil sie ein persönliches Vertrauensverhältnis aufbauen helfen. Schließlich will ich als Kunde durchaus wissen, für welche Werte eine Marke steht.

Kunden interessieren sich nicht nur für Produkte, sondern auch dafür, wer dahintersteckt.

In der Unternehmenskommunikation geht es nicht nur um Produkte und um die Reaktion auf eigene Fehler (Krisen-PR). Daher sollten Sie die Online-Kommunikation dazu nutzen, Ihre Kunden unmittelbar in Ihre Kommunikationsbemühungen einzubeziehen. Teilen Sie Ihrer Community mit, worüber in Ihrem Unternehmen diskutiert wird. Zeigen Sie, wie sich bei Ihnen kleine wie große Dinge bewegen, damit Ihre Zielgruppe Veränderungen und Entscheidungen nachvollziehen kann.

Aus diesem Grunde empfiehlt es sich immer, die eigenen Kunden über einen Relaunch, Produktveränderungen oder Personalwechsel auf dem Laufenden zu halten.

10. Die Kunden-Bewertungen auf Online-Portalen beeinflussen Ihre Reputation

Auf vielen Online-Plattformen wird über Personen-, Medien- wie auch Unternehmensmarken diskutiert. Dabei vergleichen die Konsumenten Preise, Produkte und Services, ohne dass sich die Unternehmen und Menschen dieser Mundpropaganda entziehen könnten.

Lehrer, Professoren, Ärzte, Finanzberater, Autos, Reiseanbieter, Hoteliers und viele andere Dienstleister müssen sich in Meinungsportalen, Communitys und Blogs der Öffentlichkeit stellen, oftmals unfreiwillig.

Sie können das Internet völlig ignorieren und dennoch seine positiven wie negativen Wirkungen zu spüren bekommen. Deshalb sollten Sie allen Hinweisen von Dritten sofort nachgehen, sobald jemand über Sie etwas veröffentlicht, damit Sie selbst auch rechtzeitig im Bilde sind und darauf adäquat reagieren können.

Glaubwürdigkeit und Vertrauen sind die Basis für eine langfristige Beziehung.

In einer Feedback-Kultur müssen Unternehmen ihren Mitarbeitern und Kunden ein offenes Dialogangebot bieten, um die Beziehungen vertrauensvoll auszubauen. Damit können sie auf das wachsende Bedürfnis der Gesellschaft auf Partizipation reagieren und die Kundenerfahrungen direkt in neue Produkte einfließen lassen. Glaubwürdigkeit und Vertrauen stellen hierfür die Voraussetzung für eine langfristige Beziehung dar. Wer hingegen ängstlich auf die Online-Bewertungen schielt und diese verhindern will, wird allenfalls kurzfristige Erfolge erzielen, kann aber nicht vermeiden, dass sich Kritik im Web dann an anderer Stelle äußert. Aus diesem Grund sollten sich Arbeitgeber wie Mitarbeiter um das Vertrauen bemühen und ihre Reputation langfristig aufbauen.

Die 5 häufigsten Fehler

Die fünf häufigsten Fehler

- **Ihre Inhalte haben einen zu werblichen Charakter!**

Seien Sie sich darüber im Klaren, dass werbliche Aktivitäten im Social Web wenig bis gar nicht erwünscht sind. Ihre Inhalte und Ihr Angebot müssen sowohl für die Multiplikatoren als auch für die Kunden von Relevanz sein, damit sie in sozialen Netzwerken aufgegriffen und weiterempfohlen werden.

- **Sie biedern sich zu sehr an!**

Behandeln Sie Ihre Kunden und Pressekontakte im Social Web genauso wie bei einem echten Treffen. Wenn Sie Ihren Gegenüber nicht duzen würden, so tun Sie das auch nicht beim Austausch über das Internet.

- **Ihre Kommentare gelten sogar als Spam!**

Missverständnisse entstehen immer dann, wenn ein Unternehmen oder eine Privatperson versucht, den eigenen Vorteil aus dem Kontakt zu ziehen, indem werblich im Blog oder auf Facebook kommentiert wird. Generell gilt, dass Sie es unbedingt vermeiden sollten, auf Ihre Online-Angebote in einem Kommentar oder via E-Mail zu verweisen. Das wird sehr schnell als Spam empfunden und dient nicht dem Aufbau von Online-Beziehungen, sondern erstickt diese bereits im Ansatz.

- **Sie vergessen Ihre Mitarbeiter!**

Ihre Mitarbeiter sind mit großer Wahrscheinlichkeit selbst im Social Web aktiv. Bevor diese ohne Ihr Mitwissen über das Unternehmen schreiben, beziehen Sie sie besser von Anfang an in Ihre Social-Media-Aktivitäten ein. Sie profitieren davon in Ihrer Online-Kommunikation und wirken im Netz zudem glaubwürdiger.

- **Sie verschicken Pressemitteilungen an Blogger!**

Blogger sind meistens wenig erfreut darüber, wenn ihnen ein Unternehmen eine Pressemitteilung zusendet. Sie verstehen sich selbst oftmals nicht als Journalisten und sind deshalb sogar irritiert, wenn sie ungefragt eine Pressebotschaft erhalten. Mit einer kurzen Anfrage lässt sich dabei schnell herausfinden, ob jemand über die Aktivitäten eines Unternehmens auf dem Laufenden gehalten werden will oder nicht.

Ihre Notizen:
....

....

Dr. Benedikt Köhler

Wie Sie Twitter professionell nutzen

Twitter ist zurzeit das Schlagwort im Thema Online-Marketing. Vom Dalai Lama bis zu Barack Obama: Politiker, Prominente und Unternehmen nutzen den Kurznachrichtendienst, um auf sich aufmerksam zu machen und im Gespräch zu bleiben. Wie auch Sie Twitter für Ihr Online-Marketing einsetzen können, verraten Ihnen die folgenden Tipps aus der Praxis.

Der Autor

Dr. Benedikt Köhler

Dr. Benedikt Köhler studierte an der LMU München Soziologie, Ethnologie und Psychologie. Neben seiner Promotion bei Ulrich Beck arbeitete er als freier Berater für Social-Media-Strategien. Darüber hinaus engagiert sich der Soziologe sehr stark bei der Etablierung allgemeingültiger Erfolgskennziffern im Bereich Social Media und ist ein ausgewiesener Spezialist für Marktforschung in den nutzergenerierten Medien. 2008 gründete er die Arbeitsgemeinschaft Social Media e.V. mit, deren Vorstand er bis heute angehört. Außerdem engagiert er sich als stellvertretender Vorsitzender im Arbeitskreis Social Media der BITKOM. Köhler bloggt regelmäßig zu mediensoziologischen Themen auf seinem Weblog blog.metaroll.de sowie auf dem Corporate Blog von ethority. Seit Januar 2009 ist er als Director Digital Strategy & Research bei ethority in Hamburg tätig und leitet seit Juli 2009 die neue Dependance in München.

Professionelles Twittern – 10 ganz konkrete Tipps

Der Kurznachrichtendienst Twitter gehört zu den am schnellsten wachsenden Social-Media-Anwendungen. Im Februar 2010 gaben die Twitter-Betreiber in ihrem Blog bekannt, dass die Nutzer des Dienstes pro Tag 50 Millionen Kurznachrichten veröffentlichen. Dies entspricht rund 600 Tweets – so nennt man die Kurznachrichten auf Twitter – pro Sekunde. In Deutschland verzeichnete Twitter zu dieser Zeit 2,9 Millionen Nutzer.

Mit fast drei Millionen Nutzern allein in Deutschland ist Twitter eine riesige Marketing-Plattform.

Für ein Unternehmen ist Twitter daher eine riesige Marketing-Plattform, auf der es sich präsentieren kann. Und tatsächlich setzen immer mehr Unternehmen – egal, ob es sich um multinationale Konzerne, Mittelstandsbetriebe oder Einzelunternehmer handelt – den Kurznachrichtendienst für ihre Marketingzwecke ein. In 140 Zeichen – so lang dürfen die Nachrichten auf Twitter höchstens sein – informieren sie ihre Follower (so nennt man die Abonnenten von Nachrichten) über Entwicklungen im Unternehmen, neue Produkte oder interessante Neuigkeiten rund um das Geschäftsfeld des Unternehmens.

Doch wie können Sie Follower gewinnen, damit Ihre Nachrichten nicht ungehört verhallen? Welche Themen sollen überhaupt mitgeteilt werden? Und was gilt es sonst noch zu beachten, wenn Sie Twitter professionell nutzen möchten? Diese und andere Fragen beantwortet Ihnen der folgende Beitrag.

1. Easy Listening

Twitter ist fast noch wichtiger als Kanal für das Zuhören als für das Senden. Auf diese Weise bekommen Sie schnell Einblick in Themen, die für die Zielgruppe, potenzielle Kunden oder auch einfach Bekannte relevant und aktuell sind.

Dabei werden Sie automatisch über die brandheißen Themen ins Bild gesetzt – in und über Social Media, aber auch in diversen anderen Interessensbereichen oder Branchen. Sie werden von Ihrer Timeline oder auch der Twittersuche inspiriert, ohne notwendigerweise selbst etwas twittern zu müssen.

Hören Sie erst einmal zu, denn so lernen Sie Twitter verstehen.

Gerade für Neueinsteiger lohnt es sich zunächst einmal zuzuhören und zu beobachten, wie gesprochen und was als interessant angesehen wird. Auf diese Weise erkennen Sie nach und nach die Bedürfnisse der Twitter-Nutzer und können sich später darauf einstellen. Dabei lernen Sie nicht nur etwas über den Umgang mit der Technologie Twitter, sondern auch für das Business: In dem Microblogging-Kanal können Sie Vorlieben und Abneigungen der Konsumenten ablesen und für das eigene Unternehmen nutzen.

Die Herangehensweise des Easy Listenings nimmt zudem Unsicherheiten der ersten Schritte auf Twitter. So lernen Sie, Themen aufzugreifen, weiterzuverarbeiten und somit den Nerv der Gefolgschaft zu treffen. Mit der Zeit entwickeln Sie ein eigenes Gespür für die richtigen Themen, sodass Sie vom Easy Listening in den Easy Talk übergehen können.

2. Content is King

Followerbindung ist nichts anderes als Leser- bzw. Kundenbindung. Das schaffen Sie am besten mit guten Produkten und guten Inhalten.

Welches diese Inhalte sind, lässt sich nicht pauschalisieren, sondern hängt vom jeweiligen Unternehmen ab. Auch die Absicht, die Sie mit einem Twitter-Kanal verfolgen, und die Leute, die Sie erreichen möchten, spielen eine wichtige Rolle.

Nutzt Ihr Unternehmen Twitter als zusätzlichen Vertriebskanal oder vielleicht als PR-Instrument für Presse- und Öffentlichkeitsarbeit? Viele große Unternehmen betreiben gleich mehrere Twitter-Accounts mit unterschiedlichen Schwerpunkten, während kleinere die gesamte Twitter-Kommunikation in einem Stream vereinen.

Nutzen Sie Twitter als zusätzlichen Vertriebskanal oder PR-Instrument!

Wichtig ist, sich vorher darüber klar zu werden, was Sie durch das Twittern erreichen möchten. Das entscheiden mitunter auch die Leute, mit denen Sie via Twitter in Verbindung stehen. Dies kann passiv geschehen durch bewusstes Zuhören und Lesen oder aktiv durch gezielte (Nach-)Fragen an das Unternehmen. Bieten Sie guten Content mit Inhalten, die die Follower interessieren, schaffen Sie eine langfristige Bindung zwischen Ihrem Unternehmen und seiner „Gefolgschaft".

> „Bevor Sie mit dem Twittern starten: Definieren Sie klar, was Sie dadurch erreichen möchten."

3. Vorsicht im Röhrenlabyrinth

Mittlerweile lassen sich unterschiedliche Social-Media-Anwendungen sehr leicht – ein bisschen ähnelt das einem Röhrensystem – aneinanderstecken. So können Twitter-Nachrichten auf Facebook, die Foursquare-Check-ins auf Twitter und die Facebook-Messages auf Google Buzz landen. Das alles sind Microblogging-kanäle, die ebenfalls für Ihr Unternehmen relevant sein können.

Hier ist jedoch Vorsicht geboten! Nicht jede Statusmeldung muss zwanzigmal wiederholt werden. Vor allem, wenn der

Mehrwert der Nachricht augenscheinlich nicht besonders groß ist („Checked in at the Office 2 min ago"), sollten Sie zurückhaltend sein.

Der Fachbegriff hierfür lautet: Das Signal-to-Noise-Ratio im Blick behalten! Durch diesen Netzwerk-Overload laufen Sie nämlich leicht Gefahr, Ihre Follower und Ihre Reputation zu verlieren. Netzwerke klar zu trennen und unterschiedliche Bedürfnisse und Anhänger zu bedienen, sorgt für Struktur und Klarheit in der eigenen Social-Media-Strategie. Und Sie laufen nicht Gefahr, User, Kontakte, Freunde oder Follower zu verwirren.

4. Amtlich geprüft

Ist dieser Twitter-Account echt oder nicht? Was Prominente mit einer offiziellen Verifizierung seitens Twitter Inc., San Francisco, erreichen, schafft eine seriöse Firma leicht mit eigenen Mitteln.

Bündeln Sie Ihre Online-Aktivitäten in einem Social-Media-Newsroom.

Um potenziellen Interessenten hier eine langwierige Recherche zu ersparen, sollten Sie alle Social-Web-Präsenzen auch von der offiziellen Unternehmensseite aus verlinken oder direkt einen Social-Media-Newsroom einrichten.

Der Newsroom ist eine Plattform, auf der alle Web-2.0-Aktivitäten eines Unternehmens zusammenlaufen. Im Idealfall wird dies durch einen Pressebereich ergänzt, in dem aktuelle Pressemeldungen und Unternehmensinformationen von jedem Interessenten heruntergeladen oder sogar per RSS-Feed abonniert werden können. So erhält jeder Besucher einen umfassenden Überblick über die Unternehmenskommunikation im Web 2.0 und kann rund um die Uhr auf Pressematerial zugreifen.

Außerdem ist es auf jeden Fall eine Überlegung wert, die Twitter-Accounts der Mitarbeiter in die Unternehmenswebsite miteinzubinden. Social Media bringen viel Transparenz mit sich. Dadurch kann jeder Mitarbeiter, der mit dem Unternehmen in Verbindung gebracht wird (durch Angabe in der Twitter-Biografie oder weiteren Netzwerken), zum Botschafter des Unternehmens werden. Falls Sie sich zu einem solchen Schritt entschließen, sollten unbedingt Social-Media- bzw. Twitter-Guidelines aufgestellt werden.

Binden Sie die Accounts Ihrer Mitarbeiter in die Unternehmenswebsite ein.

5. Twitter-Guidelines – die StVO des Microbloggens

Guidelines geben vor, wie die Kommunikation auf Twitter ablaufen soll.

Man unterscheidet allgemein zwischen zwei Arten von Guidelines:

1. Richtlinien, die für einen offiziellen Unternehmens-Account gelten.

2. Guidelines für Mitarbeiter, die privat twittern, aber offensichtlich mit der Firma in Verbindung gebracht werden.

Der Unternehmens-Account kann von mehreren Mitarbeitern bedient werden. Dies wird zum Beispiel durch kostenlose Webanwendungen wie HootSuite oder CoTweet, aber auch Salesforce ermöglicht. In diesem Fall sollten allgemeine Handlungsempfehlungen aufgestellt und verinnerlicht werden. Es könnten zum Beispiel Richtlinien bezüglich Tonalität und Themenauswahl aufgestellt werden, um den Account einheitlich erscheinen zu lassen. Das Ziel ist nicht, den Individualismus zu unterdrücken, sondern den Kommunikatoren lediglich eine Linie zur Orientierung zu geben.

Ihr Twitter-Account sollte einheitlich erscheinen, auch wenn ihn mehrere Mitarbeiter nutzen.

Ein wichtiger Punkt, der schriftlich festgehalten und verinnerlicht werden muss, ist die Frage nach dem Verhalten in brenzligen oder schwer abzuschätzenden Situationen. Besonders die Reaktion auf Beschimpfungen und haltlose Kritik sollte im Vorfeld besprochen werden. Zur Lösung

Legen Sie fest, wie in Krisensituationen reagiert werden soll.

einer solchen Situation gehört immer ein individuelles Fingerspitzengefühl und im Idealfall ein fester Ansprechpartner aus der PR- oder Rechtsabteilung. Prävention statt Reaktion heißt hier die Devise.

Guidelines für Mitarbeiter beinhalten nicht nur Regeln, sondern auch Empfehlungen, die die Unsicherheit vor unpassenden Tweets nehmen können. Sie können zum Beispiel dieselben Klauseln wie Arbeitsverträge oder Verschwiegenheitserklärungen beinhalten, sprich Verhaltensregeln wie Betriebsinterna nicht auszuplaudern. So steigern sie das Sicherheitsgefühl bei den Mitarbeitern.

6. Fakten, Fakten, Fakten! Die Erfolgskontrolle

Natürlich können Sie auf Twitter auch „just for fun" posten, doch im professionellen Kontext möchten Sie damit in der Regel unternehmensrelevante Ziele erreichen. Dazu können zum Beispiel eine größere Markenbekanntheit, ein positives Image oder ein Kundensupport in Echtzeit gehören.

Überprüfen Sie Ihre Twitter-Erfolge regelmäßig.

Das bedeutet für Ihr Unternehmen: Wie alle anderen (Offline-)Aktivitäten auch, sollten Sie Twitter auf den Prüfstand stellen und kontinuierlich die wichtigsten Leistungswerte überprüfen. Dabei ist es erlaubt, sich selbst zu korrigieren und den eigenen (Twitter-)Pfad immer wieder zu hinterfragen und neu zu justieren.

Verbreitete Leistungsmaße (Key Performance Indicators) für Twitter sind beispielsweise die Zahl der Kontakte (inbound wie outbound), die Zahl der Kontakte zweiter Ordnung (indirekte Kontakte wie zum Beispiel Freundesfreunde) und das eigene Gesprächsvolumen an Tweets, Replys und Retweets. Auch das Volumen der fremden Twittergespräche (auch Buzz genannt) über das eigene Unternehmen, die eigene Marke oder die Produkte sollten

Sie im Auge behalten. Aber auch qualitative Indikatoren wie zum Beispiel die Zusammensetzung der Follower und Followings oder die wichtigsten Schlagwörter (Tagcloud) stellen sicher, dass Sie nicht wahllos mit irgendwelchen Personen sprechen, sondern genau mit den richtigen.

7. Follower-Check-ups

Eine regelmäßige Überprüfung der Follower erzeugt frischen Wind in der persönlichen Twittersphäre. Die Accounts, denen Sie folgen, sollten kontinuierlich auf ihre Aktualität überprüft werden. Accounts, die bereits mehrere Wochen brachliegen oder Tweets posten, die vielleicht doch nicht mehr so interessant und nützlich erscheinen wie zu Beginn, können ruhig von der Liste gelöscht werden.

Suchen Sie Accounts, denen es sich zu folgen lohnt.

Im Umkehrschluss sollten Sie sich aber auch Zeit nehmen, um neue Accounts auszumachen, denen es sich zu folgen lohnt. Diese finden Sie entweder durch Empfehlung von anderen Usern (gute Hinweise gibt es oft an dem sogenannten „Follower-Friday“ mit dem Hashtag „#ff“ gekennzeichnet). Auch über die Twittersuche auf search.twitter.com können Sie auf interessante Accounts stoßen. Interessieren Sie sich beispielsweise für PR-Themen, sollten Sie dort die Stichwörter „PR“ und „Kommunikation“ eingeben. Twitter verweist dann auf Tweets, die diese Schlagwörter enthalten.

Ordnen Sie Personen, denen Sie folgen, in Listen ein.

Auch der Blick in die Kontakte und Listen anderer Leute kann gute Tipps für den Ausbau der eigenen Gefolgschaft an den Tag bringen. Mittlerweile finden Sie auch fast überall im Netz Zusammenstellungen von erfolgreichen Twitter-Nutzern zu jeglichen Themenschwerpunkten und Bezeichnungen.

Vorsicht! Die Informationsflut bei Twitter kann schnell zum eigenen Overload führen. Die Listen-Funktion trägt zur Übersichtlichkeit bei. So können Sie die Personen, denen Sie folgen, kategorisieren, zum Beispiel nach Journalisten, Themenbereichen oder Beruf(ung), und behalten so den Überblick.

8. Du bist Twitter

In Social Media wird „Social" großgeschrieben. Das gilt natürlich auch für Twitter und beginnt mit der Personalisierung des Accounts.

Zeigen Sie den oder die Menschen hinter dem Twitter-Account.

Die Leute folgen keinem Account, sondern der Person dahinter. Die Leute kontaktieren kein Unternehmen, sondern die Mitarbeiter. Alle Beteiligten, die über den Unternehmens-Account twittern, sollten deshalb kurz vorgestellt werden, um zu zeigen, wer die Gesichter hinter dem Unternehmens-Profil sind. Zu überlegen wäre, wie viel von der persönlichen Note in den Tweets stecken sollte. Soll man rein informativ berichten, mit Wertung oder persönlicher Ansprache?

Das sind diskussionswürdige Themen, die im Vorfeld in den Twitter-Guidelines verankert werden sollten. Egal, wie Sie sich entscheiden: Wichtig ist die Transparenz, sodass jeder bei Bedarf sehen kann, welche Gesichter hinter dem Account stehen. Wenn der Follower weiß, wer hinter einem Unternehmens-Account steckt, wird er eine bessere Bindung zu ihm aufbauen als zu einem Logo oder einem beliebigen Avatar. Auch bei Maskottchen, die twittern, ist es ratsam zu zeigen, wer die eigentliche Stimme ist, die zwitschert.

9. Mañana ist nicht Echtzeit

Twitter ist ein sehr schneller Kanal. Durch das enorme Tempo der hier geposteten Nachrichten rutschen Fragen sehr schnell von der Startseite eines Twitterfeeds weit nach unten.

Das heißt im Klartext für Unternehmen: Wenn eine Frage gestellt wird, sollten Sie nach Möglichkeit nicht erst nach vier Tagen antworten. Denn dann hat der Fragende vermutlich schon längst vergessen, was er eigentlich wissen wollte. Dieses Versäumnis vertreibt Follower. Außerdem könnte dies größere Entrüstungskreise ziehen, wenn der Betroffene seinen Unmut öffentlich äußert.

Das bedeutet aber auch, dass Sie diesen Kanal ebenso ernst nehmen sollten wie andere Kommunikationskanäle des Unternehmens. Auch wenn die Einrichtung und der Betrieb eines Twitterprofils zunächst keine direkten Kosten verursachen, ist immer an die Manpower zu denken, die mit einem kontinuierlichen Echtzeitdialog verbunden ist.

Für Twitter braucht man Zeit – planen Sie diese in Ihre Arbeitsabläufe ein.

10. Themen-Monitoring

Twitter eröffnet nahezu unbegrenzte Nutzungsmöglichkeiten. Je nach Fokus können Sie diesen Kanal als Trendradar, zur Identifizierung von zu beantwortenden Kundenanfragen oder als Überblick über aktuelle Themen der Fachpresse und Wettbewerber verwenden.

Nicht selten weiß Twitter schon über die neuesten Nachrichten und Ereignisse Bescheid, noch bevor andere (Massen-)Medien die Informationen aufgreifen. Auch immer mehr Journalisten sind bereits dazu übergegangen, ihre Recherche ins Social Web und somit auch nach Twitter zu verlagern.

Doch das Twitter-Dauerbeobachten sollte sich nicht in einen Fulltime-Job für die Mitarbeiter verwandeln, die ständig den Stream beobachten müssen. Deshalb bieten verschiedene Twitter-Clients an, die Postings zu filtern und zu sortieren und den Stream übersichtlich in einer Maske parallel anzuzeigen.

Mit speziellen Tools können Sie Ihre Themenschwerpunkte professionell überwachen lassen.

Größere Unternehmen sollten aufgrund der hohen Frequenz von Tweets allerdings ein professionelles Monitoring-Tool in Betracht ziehen, um ihre Themenschwerpunkte zu beobachten. Ein Echtzeit-Monitoring kann auf den gesamten Social-Media-Bereich ausgeweitet werden. So bleiben Sie themenmäßig am Puls der (Echt-)Zeit und behalten stets den Überblick über Wettbewerber und das eigene Unternehmen. Durch die professionelle Beobachtung des eigenen Namens bekommen Sie einen schnellen, detaillierten, manchmal jedoch fast schmerzlich ehrlichen Eindruck über Ihre Online-Reputation. Wenn nötig, können Sie sofort eingreifen – zum Beispiel mit einem passenden Tweet.

Die 5 häufigsten Fehler

Fünf häufige Fehler bei Twitter

- **Zu viele Tweets pro Tag.**

Wer zu viele Tweets am Tag verschickt, geht seinen Followern bald auf die Nerven. Sie stufen das schnell als Spam ein und folgen Ihnen dann vielleicht nicht mehr. Verfahren Sie hier lieber nach dem Motto: Weniger ist mehr – dafür haben Ihre Tweets dann aber auch Mehrwert.

- **Zu wenig Engagement vertreibt die Follower.**

Andersherum sollten Sie Ihre Follower aber auch nicht zu lange auf neue Nachrichten warten lassen. Wer nur alle zwei Wochen einen Tweet losschickt, zeigt wenig Engagement. Und Ihre Follower sehen sich dann lieber anderswo um …

- **Ansprachen ignorieren.**

Niemand muss ständig im direkten Dialog mit seinen Followern stehen, aber wenn Sie eine direkte Nachricht bekommen, sollten Sie darauf auch reagieren.

- **Nicht schnell genug antworten.**

Bei Twitter geht alles schnell: kurze Nachrichten, kurze Antwortzeiten. Auch wenn niemand von Ihnen verlangen wird, dass Sie innerhalb von Minuten auf Tweets oder Nachrichten reagieren, sollte eine Antwort dennoch zeitnah erfolgen.

- **Unvollständiges Profil.**

In Ihrem Profil fehlt das Logo oder das Profilfoto oder Ihre Biografie ist nicht griffig: Manchmal sind es die kleinen profanen Dinge, die entscheiden, ob Ihnen jemand folgt oder nicht.

Ihre Notizen:

Dr. Christoph Röck

10 Tipps für erfolgreiches Affiliate-Marketing

„Die Hälfte des Werbebudgets ist immer umsonst ausgegeben. Man weiß nur leider nicht, welche." Das Zitat von Henry Ford trifft immer noch auf die klassische Werbung zu, nicht aber auf Affiliate-Marketing, denn hier werben Sie auf zielgruppenaffinen Webseiten und verhindern so Fehlinvestitionen. Die folgenden Tipps zeigen Ihnen, wie Sie gut gerüstet ins Affiliate-Marketing starten.

Der Autor

Dr. Christoph Röck

Dr. Christoph Röck ist seit Dezember 2007 Geschäftsführer von affilinet Deutschland und verantwortet seit September 2009 zusätzlich als Managing Director Northern Europe das affilinet-Geschäft in Großbritannien und den Niederlanden. Zu seinen Aufgaben gehören die konsequente Weiterentwicklung des Geschäfts in diesen Märkten sowie der Ausbau des affilinet-Produkt- und Serviceportfolios hin zum umfassenden Performance-Marketing-Anbieter. Christoph Röck bringt eine umfangreiche Expertise im Bereich des E-Commerce und Online-Marketings mit. Er startete seine Karriere unter anderem als Produktmanager bei Bertelsmann, von 2001 bis 2007 war er als Geschäftsführer der Pangora GmbH tätig.

10 Tipps für erfolgreiches Affiliate-Marketing

Affiliate-Marketing ist eine internetbasierte Vertriebslösung, bei der ein werbetreibendes Unternehmen (Advertiser) virtuelle Vertriebspartner (Publisher) erfolgsorientiert durch eine Provision vergütet. Der Advertiser stellt hierbei seine Werbemittel zur Verfügung. Der Publisher verwendet diese dann auf seinen Seiten und bewirbt damit die Angebote des Kooperationspartners. Auch über andere Kanäle (zum Beispiel Keyword-Advertising oder E-Mail-Marketing) kann der Publisher die Werbemittel einsetzen. Ein Beispiel: Ein Publisher schaltet auf seiner Website ein Banner, das ein neues Buch oder einen Online-Buchladen bewirbt. Klickt ein Besucher auf diesen Banner, gelangt er direkt zur Seite des Online-Buchhändlers. Kauft er dort ein Buch, erhält der Publisher vom Online-Buchhändler eine Provision für den getätigten Kauf (Sale).

Der große Vorteil beim Affiliate-Marketing: Sie werben ganz gezielt und zielgruppengenau.

Was viele nicht wissen: Affiliate-Marketing ist mehr als Online-Marketing. Denn es bietet werbetreibenden Unternehmen (Advertiser) nicht nur die gezielte Platzierung von Werbemitteln im passenden Internet-Umfeld, sondern vor allem die Möglichkeit des direkten Online-Vertriebs über die zielgruppenaffinen Webseiten ihrer Partner. Da die Betreiber dieser Webseiten (Publisher) bereits über einen themenspezifischen Kundenstamm im Netz verfügen, nutzen die Anbieter mit Hilfe des Affiliate-Marketings deren Webseiten als Vertriebskanäle. Auf diese Weise können sich werbetreibende Unternehmen schnell und einfach ein virtuelles Vertriebsnetzwerk aufbauen, in dem ihre Produkte zielgruppengerecht präsentiert werden. Für die Advertiser stellen die Publisher-Seiten damit eine interessante und Erfolg versprechende Werbefläche dar, um ihre Angebote gezielt einem breiten Publikum vorzustellen.

Die folgenden zehn Tipps für erfolgreiches Affiliate-Marketing zeigen Ihnen, welche Voraussetzungen Sie für den Aufbau, die Pflege und das Management eines effizienten Partnerprogramms mitbringen sollten. Hier lernen Sie, worauf es wirklich ankommt und welche typischen Fehler Sie unbedingt vermeiden sollten.

1. Planen Sie nötige Ressourcen ein, bringen Sie Know-how mit und planen Sie langfristig

Erfolgreiches Affiliate-Marketing setzt ein umfassendes Online-Marketing-Wissen sowie ein gutes technisches Verständnis voraus.

Planen Sie Affiliate-Maßnahmen langfristig und mit einem kompetenten Partner.

Haben Sie Erfahrung im Affiliate-Marketing? Ist Ihnen das Geschäftsmodell geläufig und sind Sie sich darüber im Klaren, welches Know-how im Online-Marketing Sie für das Management eines Partnerprogramms mitbringen sollten? Falls nicht, sollten Sie lieber mit einer auf Affiliate-Marketing spezialisierten Agentur zusammenarbeiten, die Ihnen ein professionelles Affiliate-Management mit entsprechender Expertise bieten kann. Neben dem nötigen Know-how sollten Sie aber auch die notwendigen personellen und zeitlichen Kapazitäten für die kontinuierliche Pflege eines Partnerprogramms bei Ihrer Planung berücksichtigen. Um ein Partnerprogramm eigenständig zu betreiben, kontinuierlich zu betreuen und zu optimieren, brauchen Sie ein ausreichendes Zeitbudget sowie entsprechende personelle Ressourcen. Ein Partnerprogramm ist immer langfristig angelegt. Schließlich ist der Erfolg eines Advertisers im Affiliate-Marketing nicht durch ein einmaliges Set-up erreichbar. Ihnen muss klar sein, dass das Potenzial von Affiliate-Marketing weit höher ist als die einmalige Schaltung eines Banners.

2. Sorgen Sie für ein klares Programmangebot

Die Gestaltung des eigenen Programmangebots umfasst die Verfügbarkeit der Produkte, die richtige Preisgestaltung, die optimale Landing Page und den maximal konvertierenden Kaufprozess (Warenkorb).

Beachten Sie, dass der Publisher auf der anderen Seite auch seinen Gewinn optimiert. Für ihn ist neben der Provisionshöhe oder der Art des Trackings entscheidend, wie gut das Angebot des Advertisers konvertiert. Denn nur dann bekommt er eine entsprechende Provision.

Legen Sie genau fest, was vergütet wird und in welcher Höhe.

Wichtig ist auch, dass alle Produkte in Ihrem Shop getrackt und vergütet werden und nicht nur bestimmte Produkte. Denn wenn der Publisher Ihren Shop oder verschiedene Produkte bewirbt und der Kunde auf das Werbemittel klickt, dann jedoch ein Produkt kauft, das nicht vergütet wird, hat der Publisher „umsonst" gearbeitet. Das kann sich auf die Motivation des Publishers auswirken.

Ebenso wichtig ist eine deutliche Beschreibung der Teilnahme-Voraussetzungen für das Partnerprogramm. Advertiser sollten klar festlegen, was die Zielsetzung ihres Programms ist und was sie ihren Publishern anbieten.

3. Sichern Sie den reibungslosen Vertrieb Ihrer Produkte

Als Basis für einen erfolgreichen Programmbetrieb ist es von entscheidender Bedeutung, einen reibungslosen Online-Verkauf der angebotenen Produkte zu sichern.

Der Prozess vom Klick auf die Anzeige bis zur Ausführung der Transaktion sollte deshalb sowohl technisch als auch logistisch von Anfang an gut durchdacht sein und in die Unternehmensprozesse integriert werden. Ein Aktionsplan mit begleitenden Maßnahmen zu saisonalen Highlights oder Sonderaktionen hilft, das Programm fortlaufend erfolgreich zu gestalten.

Bevor Sie sich jedoch für Affiliate-Marketing entscheiden, sollten Sie prüfen, ob sich Ihre Produkte überhaupt für den Online-Vertrieb eignen. Ist das Produkt massentauglich oder ein attraktives Nischenprodukt? Denn selbst ein vorbildlicher Online-Shop und optimale Vertriebsprozesse nützen nichts, wenn sich das Produkt nicht im Internet verkaufen lässt.

4. Sorgen Sie für ein gutes Publisher-Management

Kein Publisher wird für ein Programm tätig, ohne dass der Advertiser ihn vorher freigeschaltet hat. Advertiser sollten hier genau prüfen, mit welchen Publishern sie arbeiten möchten, und sollten diese dann zügig annehmen und für das Programm freischalten.

Halten Sie Kontakt zu Ihren Partnern und werden Sie ab und zu ganz persönlich.

Unterschätzen Sie also nicht die Bedeutung von guter, persönlicher und regelmäßiger Kommunikation mit Ihren Publishern für Ihren Programmerfolg. Ihre Publisher wollen motiviert und über Neuigkeiten wie zum Beispiel zusätzliche Verdienstmöglichkeiten, Erweiterung des Produktangebots oder Veränderungen in der Provisionsstruktur informiert werden. Dazu gehören auch persönliche Treffen auf Branchen-Veranstaltungen oder eigens organisierte Events für Ihre Top-Publisher.

Der enge Kontakt zu den Publishern ist ein wesentliches Element für den Erfolg eines Advertisers. Regelmäßige E-Mail-Kommunikation und Partner-Newsletter sind gute Möglichkeiten, um die Publisher mit Informationen über das Programm, Sonderaktionen oder weitere Angebote zu versorgen. Besondere Features wie interaktive Werbemittel oder Eintragsformulare unterstützen die Publisher zusätzlich. Denkbar ist auch, das Partnerprogramm auf der eigenen Website vorzustellen. Zufriedene Kunden sind schließlich oft die besten Vertriebspartner.

5. Führen Sie geeignete Provisionsstrukturen und Promotion-Aktionen ein

Ganz wichtig für den Erfolg eines Partnerprogramms ist eine attraktive Provisionsstruktur zur Vergütung Ihrer Publisher.

Erfragen Sie bei Ihrem Netzwerk, was gängige Provisionsmodelle in Ihrer Branche sind, wie hoch Ihre Wettbewerber vergüten und welche Struktur Ihnen das Netzwerk empfiehlt. Es ist ganz wichtig, dass Sie mit Ihrem Provisionsangebot nicht oder nicht deutlich unter dem Ihres Wettbewerbs liegen, sonst ist das Angebot für potenzielle Publisher nicht attraktiv. Für den Programmstart bietet sich ein besonders lukratives Einführungsangebot an, um zügig Ihren Publisher-Pool aufzubauen.

Auch Sonderaktionen lohnen sich. Bieten Sie regelmäßig saisonale Highlights.

Nutzen Sie außerdem die Möglichkeit, unterschiedlich hohe Provisionen einzuführen. Somit können Sie zum einen den Vertrieb verschiedener Produkte unterschiedlich vergüten. Zum anderen haben Sie die Möglichkeit, die Vergütung Ihrer Publisher je nach deren Vertriebserfolg festzulegen.

Auch besondere Promotion-Aktionen zum Beispiel zu saisonalen Anlässen wie Ostern, Weihnachten, Muttertag oder zur Einführung eines neuen Produkts sind sehr motivierend für die Publisher und helfen, Ihren Publisher-Pool zu erweitern. Aktive Advertiser, die Affiliate-Marketing als leistungsfähiges Vertriebsinstrument erkannt haben, bieten ihren Publishern Bonuszahlungen für besondere Leistungen oder setzen auch Sonderwünsche um.

6. Achten Sie auf aktuelle Werbemittel und Produktdaten

Zur Bewerbung der eigenen Produkte sollten Sie Ihren Publishern regelmäßig neue und aktuelle Werbemittel und Produktdaten zur Verfügung stellen und das Partnerprogramm auf diese Weise zum Leben erwecken.

Nur dann werden die Publisher die Werbemittel bestmöglich auf ihrer Seite platzieren und die Internetnutzer sich besonders angesprochen fühlen. Im Performance-Marketing müssen Banner abverkaufsorientiert gestaltet sein. Banner ohne „call to action“ mit einer reinen Markenbotschaft sind in ihrer Abverkaufswirkung deutlich schlechter. Bieten Sie nicht nur Standard-Bannerformate an, sondern auch verschiedene Textlinks und Logos und innovative Werbeformate, sodass Publisher immer ein zu ihrer Seite passendes Format auswählen können. Wenn Sie die Möglichkeit haben, automatisch aktualisierende Angebotsdaten (Bild, Preis, Beschreibung, Geokoordinaten etc.) anzubieten, tun Sie es. Viele Publisher können so Ihre Angebote sehr tief in ihre eigene Seite einpflegen und zielgerichtet für einzelne Angebote ihre Vertriebsleistung erbringen.

7. Nutzen Sie alle relevanten Publisher-Modelle

Affiliate-Marketing deckt eine Vielzahl von Publisher-Geschäftsmodellen ab.

Bei den Publishern handelt es sich nicht nur um die typischen Betreiber von Themen-Websites, die dort Banner schalten. Zu den erfolgreichen Geschäftsmodellen gehören unter anderem Preisvergleicher, Gutscheinanbieter, Suchmaschinen-Marketing-Experten, E-Mail-Publisher, Portale und Communitys, um nur einige zu nennen.

Je nach Ihrem Produkt- oder Serviceangebot gibt es Publisher-Modelle, die sich mehr oder weniger gut zum Vertrieb Ihres Angebotes eignen. Ihr Netzwerk wird Sie diesbezüglich beraten und eine Empfehlung aussprechen, welche Businessmodelle Sie nutzen sollten.

8. Decken Sie mit Affiliate-Marketing Ihr komplettes Online-Marketing ab

Advertiser können über Affiliate-Marketing mit Publishern zusammenarbeiten, die in jeder Online-Marketing-Disziplin Experten sind.

So gehen mittlerweile zahlreiche Advertiser dazu über,

immer größere Budgets über Affiliate-Marketing und spezialisierte Publisher-Segmente abzuwickeln. Sie benötigen also nicht unbedingt unterschiedliche Abteilungen oder Agenturen, die auf verschiedene Online-Marketing-Maßnahmen spezialisiert sind, sondern können über Affiliate-Marketing den kompletten Online-Marketing-Mix nutzen. Dafür sollten Sie mit einem Affiliate-Netzwerk zusammenarbeiten, in dem die Publisher Spezialisten in ihrem jeweiligen Vertriebskanal sind und das über eine entsprechend hohe Reichweite verfügt. Für Direktmarketing-Aktionen bieten sich Publisher an, die sich auf E-Mail-Marketing spezialisiert haben. Sie erreichen über große Verteiler, zum Beispiel per Newsletterversand, viele potenzielle Interessenten. Suchmaschinen-Marketing-Publisher können durch Buchung von zusätzlichen Suchwörtern oder Nischenkeywords eigene Maßnahmen des Suchmaschinen-Marketings effektiv ergänzen. Selbst Display-Marketing-Kampagnen lassen sich performancebasiert über Affiliate-Netzwerke abwickeln. Dabei erzielen Sie eine hohe Reichweite, erreichen Ihre Zielgruppe auf hochwertigen Werbeplätzen und zahlen trotzdem nur für erfolgte Leistung.

> „Affiliate-Marketing kann Ihr gesamtes Online-Marketing abdecken. Wichtig dabei: die richtigen Partner."

9. Wählen Sie den richtigen Dienstleister

Ganz wichtig für die erfolgreiche Umsetzung eines Affiliate-Programms ist auch die Wahl des richtigen Partners.

Dazu gehören in der Regel das Affiliate-Netzwerk und gegebenenfalls auch noch eine auf Affiliate- oder Performance-Marketing spezialisierte Agentur. Das Netzwerk bietet Ihnen die Plattform für Ihr Partnerprogramm. Es verfügt über einen Publisher-Pool, aus dem Sie Ihre Publisher rekrutieren können. Außerdem übernimmt es das komplette Tracking sowie die Abwicklung der Publisher-Vergütung und bietet Ihnen alle Tools und den Service für Ihr Programm-Management inklusive Reporting, Werbemittel-Verwaltung, Bestellungsmanagement, Publisher-Annahme und -Kommunikation.

Für die Auswahl Ihres Netzwerks sollten Sie folgende Kriterien zugrunde legen:

- Erfahrung im Affiliate- und Performance-Marketing
- Größe des Publisher-Pools und Vielfalt der Geschäftsmodelle
- Qualität der Publisher und des Traffics
- Anzahl der Programme
- Branchenvielfalt und -erfahrung
- Transparenz und Beratungskompetenz

Auch die Agenturen sollten Sie nach ähnlichen Kriterien wie oben auswählen. Hilfreich bei der Auswahl ist vor allem die Überprüfung auf Zertifizierungen durch die Netzwerke.

10. Wie starten Sie erfolgreich Ihr Partnerprogramm auf strategischer Basis?

Wenn Sie ein Partnerprogramm starten, sollten Sie die folgende Vorgehensweise berücksichtigen:

- Überlegen Sie sich zunächst genau, was Sie mit Ihrem Programm erreichen wollen und wie Sie sich die Entwicklung Ihres Programms langfristig vorstellen.
- Sorgen Sie dafür, dass Ihr Online-Shop reibungslos funktioniert.
- Wählen Sie die geeigneten Dienstleister aus.
- Legen Sie gemeinsam mit Ihrem Netzwerk ein attraktives Provisionsmodell fest.

- Stellen Sie aktuelle und attraktive Werbemittel im Netzwerk ein und möglichst auch Produktdaten, sodass die Publisher sich individuelle und maßgeschneiderte Werbemittel erstellen können.
- Erweitern Sie schnell Ihren Publisher-Pool, indem Sie Publisher und Erfolg versprechende Publisher-Geschäftsmodelle zügig zulassen.
- Beraten Sie sich frühzeitig mit Ihrem Netzwerk über Optimierungsmaßnahmen und das Entwicklungspotenzial Ihres Programms.

Fünf häufige Fehler

Die 5 häufigsten Fehler

- **Mangelndes Know-how.**

Professionelles Affiliate-Marketing ist sehr komplex und erfordert eine Menge Know-how sowie ein gutes technisches Verständnis. Seien Sie sich dessen stets bewusst und wählen Sie gegebenenfalls eine entsprechende Agentur.

- **Unrealistische Erfolgserwartungen.**

Affiliate-Marketing ist auf langfristigen Erfolg angelegt. Der Aufbau eines Publisher-Pools und das Programm-Management sind zeitintensiv; eine kurzfristige Planung ist kontraproduktiv.

- **Schlechte Provisionsstruktur und Publisher-Kommunikation.**

Die Publisher sind Ihr wichtigster Partner im Affiliate-Marketing. Kümmern Sie sich entsprechend um sie. Bieten Sie ihnen ein attraktives Vergütungsmodell und haben Sie ein offenes Ohr für ihre Bedürfnisse.

- **Langsames Programm-Management.**

Wenn Ihre Publisher warten müssen, bis ihre Bewerbung für Ihr Programm angenommen wird, werden sie sich bald von Ihrem Programm zurückziehen. Eine reibungslose und zügige Abwicklung Ihrer Aufgaben als Programmbetreiber ist wichtig, um Publisher und Kunden langfristig zu binden.

- **Mangelhafte Nutzung des Potenzials von Affiliate-Marketing.**

Werden Sie sich über die Facetten des Affiliate-Marketings bewusst und nutzen Sie die vielfältigen Publisher-Businessmodelle, um sämtliche Online-Marketing-Kanäle abzudecken.

Ihre Notizen:

....

....

Alexander Wild

10 goldene Regeln für eine goldene Zielgruppe

„Seniorenmarketing" gibt es nicht! Senior ist nicht gleich Senior – die Zielgruppe 60plus ist extrem heterogen. Wir verraten Ihnen, wie Sie diese so schwierige wie einkommensstarke – und zunehmend internetaffine – Zielgruppe erreichen. Der persönliche Draht wird zum Breitbandkabel – und macht Ältere zu Ihren Kunden, Ihren Verbündeten und Ihren Fans.

Der Autor

Alexander Wild

Dipl.-Kfm. Alexander Wild ist Gründer und Vorstandsvorsitzender der Feierabend Online Dienste für Senioren AG in Frankfurt am Main.

Bereits während seines Studiums konzentrierte er sich auf elektronischen Handel sowie auf Seniorenmarketing. Nach dem Examen arbeitete er als Bezirksleiter für ALDI und als Manager für Multimedia-, Internet- und Marketing-Kongresse.

1996 gründete Alexander Wild in Frankfurt am Main die Unternehmensberatung Wild Internet Solutions.

1999 startete er gemeinsam mit Dr. Harald Leyser www.Feierabend.de, die erste und größte deutsche Online-Community für Senioren, und die Feierabend Online Dienste für Senioren AG.

2008 wurde Feierabend.de beim Wettbewerb „Wege ins Netz", vom Bundesministerium für Wirtschaft und Technologie (BMWi) als „Beste Community in Deutschland" ausgezeichnet.

10 goldene Regeln für eine goldene Zielgruppe

Innerhalb der Zielgruppe 60plus gibt es große Unterschiede.

Seniorenmarketing gibt es nicht! Trotzdem werden unter dem Begriff „Senioren“ berufstätige Mittfünfziger und pflegebedürftige 80-Jährige zusammengefasst. Dabei sind die Unterschiede zwischen 60-, 70- und 80-Jährigen enorm – körperlich und geistig ebenso wie bei ihren Erfahrungen, Interessen, Bedürfnissen und Fähigkeiten sowie ihrem Lebensumfeld. Lernen Sie diese wichtige Zielgruppe kennen und verstehen!

Das letzte Drittel des Lebens ist ein langer Zeitraum mit starken Umbrüchen. Mit 60 beginnen für viele Menschen die besten Jahre ihres Lebens: Sie sind lebenserfahren und konsumorientiert, fit, unternehmungslustig und selbstbewusst, denken und agieren unabhängig von Moden. Dem Ausstieg aus dem Berufsleben folgt der Start in ein neues, aktives Leben.

Erst im Laufe der Jahre wird dieses von zunehmenden Einschränkungen bestimmt. Dabei lassen individuelle Anlagen und Lebensverläufe jeden Menschen anders altern. Bildung, Familienstand, körperliche, geistige und seelische Gesundheit führen nun zu weit größeren Unterschieden als in jeder anderen Altersgruppe.

Betrachten Sie die Älteren stets als Individuen.

Senior ist nicht gleich Senior – betrachten Sie die Älteren als Individuen und nutzen Sie das, was sie verbindet: Ältere haben ähnliche Erwartungen an das Leben und die Menschen, an Hersteller, Handel und Dienstleister.

Die „goldenen Regeln“ zeigen Ihnen, wie Sie diesen Erwartungen entsprechen und diese wichtige Zielgruppe erreichen können.

1. Setzen Sie auf 60plus!

„50plus“ galt vor zehn Jahren als Traumzielgruppe – und das war sie auch. Heute hat sich die Situation etwas geändert:

Die gut situierte Zielgruppe 60plus sucht moderne Produkte für einen aktiven Lebensstil.

Die heute 50-Jährigen haben oft spät eine Familie gegründet. Viele von ihnen arbeiten, haben noch schulpflichtige Kinder und müssen sich außerdem um die eigenen hochbetagten Eltern kümmern. Die damals 50-Jährigen dagegen sind heute 60. Und diese „60plusser“, geboren um 1945, sind die wahren Best Ager: Die “alten 68er“ wurden ohne berufliche Brüche relativ früh und mit bester Rendite verrentet und haben ein sicheres Alterseinkommen. Und sie haben gelernt, ihre Ansprüche zu verwirklichen.

Diese 60-Jährigen sind keine Greise unter der Heizdecke, sondern Marathonläufer und Fremdsprachenlerner, Konzert- oder Weltreisende und Fotografen; gern gönnen sie sich eine neue Küche, ein schnelles Auto oder ein Augenlifting. Diese Menschen suchen moderne Produkte für Ihren Lebensstil – und die dürfen gern auch etwas teurer sein.

Kurz: Die 60plusser sind eine ideale Zielgruppe, deren Wünsche es zu erforschen lohnt.

2. Bieten Sie Service – und locken Sie Schnäppchenjäger

Wenn das Laufen und Tragen schwerer fallen und wenn das Vertrauen in neue Technik fehlt, wird Service wichtiger: Bieten Sie Liefer- oder Reparaturservice für Ihre Produkte und eine Hotline, über die Ihr Unternehmen bei Fragen zu erreichen ist.

Zum Service gehört auch das Angebot der Zahlung auf Rechnung. Als „erfahrene Lebenskenner“, die auch schlechte Zeiten erlebt haben, erwarten Ältere viel für ihr Geld: Zeigen Sie Ihren Kunden, dass sie einen guten Handel machen. Ermöglichen Sie Vergleiche. Geben Sie Ihnen ein Extra: Ein Gutschein etwa motiviert den Empfänger.

3. Machen Sie sich ein genaues Bild von den Wünschen Ihrer Zielgruppe

Zeigen Sie im Umgang mit den „Lebenskennern" viel Sorgfalt: Investieren Sie in Marktforschung. Neueste Technik, aber bitte kein Schnickschnack – die Wünsche der Best Ager sind häufig überraschend.

Fragen Sie sie danach! Identifizieren Sie die speziellen Vorteile Ihres Angebotes für ältere Zielgruppen: Die kleinen Portionen? Die gesunden Inhaltsstoffe? Die wiederverschließbare Packung? Die große Auswahl? Die lange Haltbarkeit? Wissen Sie wirklich genau, was die Älteren an Ihren Produkten schätzen? Finden Sie es heraus!

> „Als ‚erfahrene Lebenskenner', die auch schlechte Zeiten erlebt haben, erwarten Ältere viel für ihr Geld."

Kommunizieren Sie diese Vorteile: Verbinden Sie die Bedürfnisse Ihrer Zielgruppe und die Vorteiles Ihres Angebots – und bringen Sie diese auf den Punkt!

4. Senioren-Scouts: Nutzen Sie die Lebens- und Kauf-Erfahrung der Älteren

Ältere sind konsum- und lebenserfahren. Sie wissen selbst am besten, welche Produkte sie wollen und wie diese gestaltet sein sollen. Und sie sind immer bereit, Produkte und Dienstleistungen zu testen.

Feierabend-Seniorenscouts haben von Hotels und Kreuzfahrten über Handys und Autos bis zu Lebensmitteln, Kleidung und Kosmetika alles getestet, was der Markt bietet.

Mit der Hilfe von Senioren-Scouts können Sie Ihr Angebot optimieren.

Diese ‚Marktforschung plus' integriert Werbung und Imagepflege.

Mit dem Einsatz von Senioren-Scouts schlagen Sie drei Fliegen mit einer Klappe:

- Sie optimieren Angebote für gut situierte ältere Zielgruppen.
- Sie optimieren Angebote für jüngere Zielgruppen, denn seniorenfreundliches Design ist menschenfreundliches Design.
- Sie machen eine wichtige Zielgruppe zu „Freunden“: Dass sie nach ihrer Meinung gefragt werden, zählt für Ältere viel – und nimmt sie ein für Ihr Angebot. Und wenn sie damit zufrieden sind, werden sie das über die neuen Medien aller Welt berichten - als die glaubwürdigste Stimme, die ein Unternehmen haben kann.

5. Sehen Sie Ihre Zielgruppe als Meinungsbildner

Die Generation 50plus ist lebenserfahren und konsumerfahren. Akzeptieren Sie den Anspruch Ihrer Kunden, ein Leben im Wohlstand „verdient“ zu haben.

Zeigen Sie Respekt vor der Lebensleistung Ihrer Kunden. Bestätigen Sie ihre Erfahrung und ihr Wissen. Zeigen Sie im eigenen Interesse Respekt vor dieser Meinungsführerschaft: Ein positives Urteil Ihrer Kunden hat Gewicht. Ein schlechtes wirkt vernichtend.

6. Bieten Sie Lösungen für aktuelle Probleme

Die „jungen Alten“ interessieren sich für Mode, Reisen, Gesundheit, Sport, Sex ...

Doch wenn die verbleibende Zeit spürbar schwindet, konzentriert sich Leben auf die Gegenwart. Setzen Sie deshalb auf das „Hier und Heute“: Der Nutzen eines medizinischen wie eines Finanz-Produktes muss sofort erfahrbar sein.

Bausparprodukte sind für 65-Jährige ebenso absurd wie Geldanlagen, die in 20 Jahren fällig werden, eine noch nicht erschlossene Ferieninsel, eine Geothermieanlage, die in 20 Jahren gebaut wird, oder ein Lebensstil, der sich in 30 Jahren positiv auswirken soll. Best Ager wollen hier und jetzt Rendite, Energie sparen, Reisen genießen und Hilfe gegen Arthrose, Falten oder Impotenz.

7. Wählen Sie die richtigen Sympathieträger

Deutschlands „Senioren“ fühlen sich fit, attraktiv und geistig jung – aber sie identifizieren sich nicht mit Zwanzig- oder Dreißigjährigen:

Nur jeder zehnte Senior fühlt sich von Werbung mit jungen Models angesprochen. An 80 Prozent der Zielgruppe „60plus“ geht eine auf Jugend setzende Werbung vorbei.

Wählen Sie deshalb die richtigen Sympathieträger: „Alterslose“ Menschen sprechen 50- wie 70-Jährige an. Graue Haare sind sympathisch – wenn das Gesicht frisch aussieht. Aber dekorieren Sie Mieder-Badeanzüge nicht um ein 20-jähriges „Magermodel“.

Setzen Sie auf „alterslose“ Menschen, denn sie erwecken Sympathie.

8. Machen Sie Ihre Werbung „werbefrei“

Für junge Menschen ist coole Werbung Kult – Senioren lehnen „Reklame“ als nutzlos und teuer ab.

Ältere reagieren positiv auf Werbung, doch die Ansprache muss stimmen.

Tatsächlich aber reagieren Ältere sehr positiv auf Werbung – wenn die Ansprache stimmt. Vermeiden Sie in Ihren Publikationen, Ihrem Internetauftritt, Ihren Anzeigen die Koof-mich-Attitüde roter Schrift, kreischender Schlagworte und idealisierter Menschen.

Vertrauen schaffen Sie über Fakten und eine persönliche Ansprache. Setzen Sie auf die hohe Glaubwürdigkeit redaktioneller Berichterstattung. Stellen Sie sich dabei auf die Lesegeschwindigkeit der Älteren ein. Nutzen Sie E-Mail-Marketing nur, wenn Sie für Ihre Kunden nützliche Informationen haben. Bieten und fordern Sie Interaktion – Ihre Kunden werden es Ihnen danken.

Im Internet erzielen Werbetreibende die besten Erfolge, wenn sie Berichte im redaktionellen Teil mit Anzeigen-, Pop-up oder Bannerwerbung kombinieren. Hier weckt die hohe Glaubwürdigkeit einer seriösen Berichterstattung in Verbindung mit aufmerksamkeitsstarken Eye-Catchern besonderes Interesse. Zusätzlich verstärkend wirken Gewinnspiele, Wettbewerbe oder Tests.

9. Sprechen Sie Klartext – und vermeiden Sie Anglizismen

Mit dem Werbetexter um die Ecke zu denken, fasziniert Twens und Thirtysomethings. Ältere Menschen erwarten, dass Sie sofort auf den Punkt kommen.

Fassen Sie sich kurz und beschreiben Sie Ihr Thema einfach, klar und deutlich. Verzichten Sie auf Fachjargon und Technikwahn. Viele Menschen aus der jetzigen Seniorengeneration haben wenig oder gar kein Englisch in der Schule gelernt. Sie fühlen sich von englischen Fachausdrücken und Modewörtern, die sie nicht verstehen, gestört oder reagieren sogar gekrankt. Zudem klingen englische Einsprengsel in den Ohren vieler Älterer extrem flapsig und damit unangemessen. In zehn Jahren wird die Situation anders aussehen - heute gilt: Sprechen Sie deutsch.

10. Gestalten Sie augen- und lesefreundlich

Grundsätzlich ist „Infomaterial“ wichtig: Man kann es mit nach Hause nehmen und im eigenen Tempo studieren.

Doch die Fähigkeiten der Augen ändern sich im Alter, die Lesegewohnheiten dagegen nicht: Für alle Publikationen oder Beschilderungen gilt: Wählen Sie immer große Schrifttypen und starke Kontraste ohne blendende Farben. Verzichten Sie auf blinkende Gimmicks auf Ihren Internet-Seiten. Gestalten Sie Ihre Publikationen und Medien übersichtlich. Übrigens: Seniorengerechtes Design ist lesefreundlich für alle Altersgruppen.

Große Schrifttypen und starke Kontraste erhöhen die Lesbarkeit.

Und vergessen Sie nie:

„Alt sind immer die, die zehn Jahre älter sind als man selbst.“

Die Gerontologie unterscheidet zwischen dem 3. und dem 4. Lebensalter: Das 3. Lebensalter umfasst etwa die Jahre zwischen 60 und 75 oder 80. Diese Menschen sind noch eher gesund und genießen die Sonnenseite des Alters. Mühsam ist das folgende 4. Lebensalter, das zu immer mehr Einschränkungen zwingt.

Die meisten Menschen akzeptieren erst in dieser Phase den Begriff „Senior“ für sich selbst. Bis dahin sehen sie sich als Mitte des Marktes und wollen auch so angesprochen werden – nicht als „alt“, nicht als „Senior“, nicht als „50plus“.

Zusammenfassung

Erfolg mit dem gemeinsamen Nenner!

Trotz der großen Unterschiede in der so heterogenen und individualistischen Zielgruppe 60plus ist es möglich, relevante Gruppen anzusprechen. Dafür ist es wichtig, gemeinsame Nenner zu finden.

Am Beispiel unserer Community www.Feierabend.de sind das die gemeinsamen Nenner „Neugier“, „Aktivität“ und „Gemeinsamkeit“: Hier treffen sich Ältere, die etwas erleben möchten – am liebsten gemeinsam mit neuen Freunden. Das Durchschnittsalter liegt bei etwa 60 Jahren, das Einkommen über dem Durchschnitt. Viele pflegen Hobbys, die sie mit Jüngeren teilen.

Suchen Sie diesen gemeinsamen Nenner entsprechend Ihrem Produkt- oder Dienstleistungsangebot. Eine interessante und finanzstarke Zielgruppe wird Ihnen dankbar sein!

Die 5 häufigsten Fehler

Die fünf häufigsten Fehler

- **Alberne Werbung.**

Es scheint schwer zu verstehen, dass 60-Jährige fit, gesund und abenteuerlustig sind – und altersbedingte Einschränkungen haben. Das Ergebnis sind etwa Darstellungen von in Chaplin-Manier hüpfenden 80-Jährigen. So fühlen sich potenzielle Kunden verkohlt!

- **Das Wort „Senior“.**

Sagen Sie nicht „Senior“! Eine Umfrage von Feierabend.de ergab: Nur ein Drittel der durchschnittlich 61-Jährigen akzeptiert die Bezeichnung „Senior“, ein weiteres bevorzugt englische Ausdrücke wie „Oldies“ und ein Drittel sagt „Englisch kann ich nicht - Senior bin ich nicht“ und plädiert etwa für „Herbstzeitlose“. Nach einer Umfrage von Datamonitor lehnen sogar 98 Prozent das Wort „Senioren“ ab; weit über die Hälfte auch „50plus“. Vermeiden Sie alle Begriffe dieser Art!

- **„Selbst ist der Werber".**

Selbst eine Community aufzubauen ist teuer und oft ergebnislos – viele Unternehmen sind damit gescheitert. Versuchen Sie, einen Kundenclub in eine etablierte Community zu integrieren. So führen Sie preiswert eine intensive Kommunikation mit Ihren Kunden.

- **Die Zielgruppe auf ihre Probleme hinweisen.**

Dass Augen und Gelenke nicht mehr so gut funktionieren, will kein 65-Jähriger von einem Jungspund hören. Schon gar nicht, wenn er gerade eine Südamerika-Tour plant. Dass es aber extraleichte Rucksäcke, spezielle Bandagen und einen Trägerservice gibt, interessiert ihn sehr. Kommunizieren Sie Lösungen statt Probleme!

- **Trends hinterherlaufen.**

Wenn die bekanntermaßen gesunde frische Tiefkühlkost plötzlich „light" wird, dann auf kleine Portionen setzt, im nächsten Schritt mit dem Modewort „Wellness" daherkommt und dazu dreimal das Verpackungsdesign ändert, dann läuft etwas falsch: Wer allen Trends hinterherläuft, verwirrt ältere Kunden. Bieten Sie Ihren Kunden Zuverlässigkeit und Beständigkeit. Vertrauen Sie dem Nutzen Ihres Angebotes für Ihre Zielgruppe – und Ihren eigenen Botschaften.

Ihre Notizen:

....

....

3

Im Markt: Zu Käufern kommen

50 Tipps, wie User zu Käufern werden

Maren Cargnelli

Wie Sie Ihre Produkte schnell und optimal in Ihrem Online-Shop präsentieren

Egal welche technischen Möglichkeiten das Internetshopping heute bietet: Wie erfolgreich der Abverkauf ist, hängt unmittelbar mit der Produkt-Präsentation zusammen. Je passender diese ausfällt, umso besser verkauft sich ein Produkt in aller Regel auch. Für Ihre Content-Produktion bedeutet dies vor allem: Text, Übersetzung, Fotografie, Grafik, Video und Datenmanagement für Online-Shops müssen mediengerecht und zielgruppenadäquat ausgeführt werden.

Die Autorin

Maren Cargnelli

Maren Cargnelli ist Werbekommunikationswirtin mit den Spezialgebieten Versandhandel und E-Commerce. Über die Stationen Projektleitung, Prozessoptimierung und Verkauf bei mbs Nürnberg, einer 100%igen Bertelsmann-Tochter, baute sie für dieses Unternehmen den Dienstleistungsbereich E-Commerce-Services auf, den sie heute aktiv leitet und weiterentwickelt.

Mit ihrer Mannschaft organisiert sie speziell im Bereich Fashion die komplette Content-Produktion. Von der Projektierung über die Einführung bis zur kontinuierlichen Durchführung liefert sie mit ihrem Know-how die Basis für einen optimierten Abverkauf, die kontinuierliche Befüllung des Shops sowie die verzweigte Weiterleitung des Contents an andere Verkaufsplattformen.

Ihre Auftraggeber nutzen ihr breit angelegtes Erfahrungspotenzial aus zahlreichen Shop-Projekten, wie zum Beispiel der Einführung von C&A und Marc O'Polo sowie dem kompletten Relaunch des Puma-Shops.

Wie Sie Ihre Produkte schnell und optimal präsentiert in Ihren Online-Shop bekommen

Für den Abverkauf von Produkten aller Art werden Punkte wie contentoptimierter Workflow, Darstellungsformen, Modelkonzepte, Produktion von Bild und Text, Integration und Ergänzung von Bestandsdaten und übergreifende Content-Bereitstellung zunehmend wichtiger. Immer mehr Markenfirmen und Handelshäuser sind im Internet präsent, und damit steigt auch der Wettbewerb. Dem können Sie nur mit einer Optimierung der Datenflüsse zur schnellen Internetstellung, einer besseren Information und werblichen Gestaltung entgegenwirken.

Der Wettbewerb im Internet ist groß – mit einem perfekt gestalteten Online-Shop haben Sie die Nase vorn.

Erste Notizen:

....

....

1. Setzen Sie Ihre Produkte in Szene

Wie Sie Ihre Produkte in Ihrem Online-Shop darstellen, ist maßgebend für ihren Abverkauf.

a) Darstellungsumfeld

Das Umfeld der Produktdarstellung wirkt auf die Aussage Ihres Produktes und beeinflusst damit maßgeblich den Erfolg Ihres Shops.

	im Studio mit Fond	**freigestellt**	**im Studio mit Ambiente**	**on location**
Bluse / Hemd	xxx	xxx		x
T-Shirt / Pullover	xxx	xxx		x
Hose / Jeans	xxx	xxx		x
Anzug / Kostüm	xxx	xxx		x
Kleid	xxx	xxx		x
Bademode	xxx	xxx	xx	x
Wäsche	xxx	xxx	xx	x
Schuhe	x	xxx		
Schmuck	x	xxx		
Accessoires	x	xxx		
Kleingeräte	x	xxx		
Großgeräte	x	xxx		
Interieur	xx	xxx	xx	
Kleinteile	x	xxx		

Erklärung: x = empfehlenswert, xx = sehr empfehlenswert, xxx = optimal

b) Darstellungsformen

Basierend auf Erfahrungswerten finden Sie hier Empfehlungen, wie Sie Produkte in Ihrem Online-Shop am besten darstellen, um ihren Abverkauf zu fördern.

	Foto an Model	**Foto ohne Model**	**Foto an Büste**	**Video mit Model**	**360° Ansicht**	**Zoom-Ansicht**
Bluse / Hemd	xxx	x		xx		xxx
T-Shirt/ Pullover	xxx	x		xx		xxx
Hose / Jeans	xxx	x		xx		xxx
Anzug / Kostüm	xxx	x		xxx		xxx
Kleid	xxx	x		xxx		xxx
Bademode	xxx		xx	xxx		xxx
Wäsche	xxx		xx	xxx		xxx
Schuhe		xxx			xx	xxx
Schmuck		xxx				xxx
Accessoires		xxx				xxx
Kleingeräte		xxx		xx	xx	xxx
Großgeräte		xxx		xx	xx	xxx
Interieur		xxx		xxx	x	xxx
Kleinteile		xxx			x	xxx

Erklärung: x = empfehlenswert, xx = sehr empfehlenswert, xxx = optimal

c) Darstellungs-Anmutung

Prüfen Sie die Aussage Ihres Produktes und die Erwartung Ihrer Zielgruppe. Danach fragen Sie die Darstellung ab. Richten Sie Sprache, Design und Abbildung nach Ihrem

Image und Ihrer Zielgruppe aus. Bleiben Sie auch im Internet Ihrem Corporate Design treu.

2. Welches Model passt zu Ihrer Marke und Ihrem Produkt?

Um beim Beispiel Fashion zu bleiben: Bei Produkten aus dem Modebereich ist neben der im vorherigen Tipp beschriebenen Produktdarstellung auch die Auswahl der Models entscheidend. Die Modelauswahl und die damit verbundene Produktaussage sollten sich an Ihrem sonstigen werblichen Auftritt orientieren.

Eine Premium-Marke sollte folglich auch im Online-Shop auf Profimodels, die dem Modeltyp der Imagewerbung ähneln, zurückgreifen. Eine junge Marke kann dagegen durchaus durch ein Casting an einer Uni oder in einer Diskothek die richtigen Models finden.

Wählen Sie Ihren Content-Dienstleister sorgfältig aus.

Achten Sie darauf, dass Ihr Content-Dienstleister über das nötige Know-how verfügt, um für Sie einen passenden Modelpool zusammenzustellen. Wichtig ist dabei eine Fashion-Affinität, die sich aus den Referenzen leicht ablesen lässt. Ebenso garantiert Ihnen ein im Modebereich tätiger Dienstleister mit größerem Kundenvolumen die Wirtschaftlichkeit und damit auch ein günstiges Modelhonorar für Ihre Content-Produktion.

3. Welche Abbildungsvarianten sind sinnvoll?

Berücksichtigen Sie, wie viele Bilder und Videos Sie wirklich brauchen, um das Produkt in seiner Ganzheit zu erleben. Beachten Sie dabei, dass die vermeintlich kostenintensivere Darstellungsform durchaus kosteneffizienter sein kann.

Zwei Beispiele verdeutlichen dies:

- Im Fashionbereich ersetzt ein Video am Model mehrere Einzelaufnahmen am Model (Vorderansicht, Rückansicht, Detail etc.) und ist damit unter Umständen die kostengünstigere Variante.
- Bei einem Sportschuh kann eine 360-Grad-Visualisierung das Produkt mit seinen Funktionen eventuell besser in Szene setzen und erklären als eine Vielzahl von Einzelaufnahmen.

4. Planen Sie Cross-Selling im Shop

Bei der Auswahl von Darstellungsform und Darstellungsumfeld sollten Sie schon in der Planung eventuell anfallende Cross-Selling-Aktionen berücksichtigen.

a) Recommendation-Engine

Sie alle kennen das: Sie kaufen ein Buch, eine CD oder auch ein Kleidungsstück in einem Online-Shop und bekommen sofort weitere Produktvorschläge geliefert: „Kunden, die x gekauft haben, haben auch y und z gekauft.“ Hier ist eine Recommendation-Engine am Werk, die alle Online-Kaufvorgänge auswertet und auf dieser Basis gezielte Kaufvorschläge macht. Findet das Cross-Selling über eine solche Recommendation-Engine (technische Lösung) statt, müssen mehrere Abbildungen zusammen ein homogenes Bild ergeben. Die am Model fotografierten Artikel sollten also zusätzlich als Still (Einzelbild, nicht am Model) fotografiert werden, damit sie sich harmonisch in die Cross-Selling-Darstellung im Shop (zum Beispiel zu Accessoires und Schuhen) einfügen.

Mehrere Abbildungen müssen zusammen ein homogenes Bild ergeben.

b) Outfit-Vorschlag

Möchten Sie das Cross-Selling bewusst steuern, ist es sinnvoll, einen am Model fotografierten Outfit-Vorschlag im Shop abzubilden, der dann jeweils mit den einzelnen abgebildeten Artikeln verlinkt ist.

c) Spezielle Angebote

Bei Abverkaufs- oder Newsletter-Angeboten sollten Sie berücksichtigen, dass auch hier verschiedene Produktgruppen zusammen dargestellt werden, zum Beispiel „Sommernews“ mit Bikini, Sommerkleid, Sandalen und Sonnenbrille.

Dafür kann es notwendig sein, die Artikel, die am Model fotografiert werden, zusätzlich als Still (Einzelbild, nicht am Model) zu fotografieren, wie unter dem Punkt „Recommendation-Engine“ beschrieben.

5. Denken Sie rechtzeitig an Produktabbildungen und Produkttexte für Online-Verkaufsaktivitäten außerhalb des Shops

Bei der Content-Produktionsplanung gilt es, avisierte zusätzliche Verkaufsplattformen wie Abverkaufs-Shops oder Social-News-Rooms zu berücksichtigen.

Lassen Sie zusätzliche Bilder oder Texte gleich am Anfang mitproduzieren.

Möglicherweise haben Sie ein Darstellungsumfeld auf Fond oder im Milieu und Produkttexte mit redaktionellem Charakter geplant. Die zusätzliche Plattform fordert nun aber generell eine Produktdarstellung vor Weiß mit einem stichpunktartigen und produktbezogenen Text. Grundsätzlich ist es sinnvoll, schon bei der ursprünglichen Content-Produktion für den eigenen Shop zusätzliche Aufnahmen oder Textzusammenfassungen mitproduzieren zu lassen.

Die Artikel sind dann nämlich bereits bei Ihrem Content-Dienstleister und müssen folglich später nicht noch einmal versendet und fotografiert werden. So können zusätzlich benötigte Bilder und Produkttexte parallel mitproduziert werden. Dafür bietet Ihnen Ihr Dienstleister in der Regel einen günstigeren Preis – und Zeit sparen Sie damit auch.

6. Strukturieren Sie Ihre Produktdaten

Liefern Sie Ihrem Content-Dienstleister stets strukturierte Produktdateninformationen mit eindeutiger Zuordnung (zum Beispiel durch eine EAN – die Zahl, die unter dem Strichcode auf einem Produkt zu finden ist) für Foto, Text und Video, denn so wird der Produktionsprozess beschleunigt.

Gleichen Sie auch die Produktstammdaten, die Ihnen zur Verfügung stehen, mit den Daten ab, die Sie für den Shop benötigen. Falls noch Produktdateninformationen (zum Beispiel Farbe, Materialangabe und Pflegeanleitung auf dem Etikett) fehlen, kann sie auch der Content-Dienstleister beim Wareneingang erfassen und ergänzen.

Überprüfen Sie, ob die Produktstammdaten vollständig sind.

7. Stellen Sie Ihre Produkte schnell und korrekt in den Shop

Um zu gewährleisten, dass Ihre Produkte nach der Anlieferung beim Content-Dienstleister in wenigen Tagen zum Verkauf im Shop zur Verfügung stehen, ist es notwendig, einen Online-Workflow mit integrierter Online-Abstimmung und mandantenfähiger Online-Freigabe aufzusetzen.

„Mandantenfähig" bedeutet in diesem Zusammenhang, dass mehrere Kunden oder Auftraggeber auf demselben Server oder in demselben Softwaresystem Informationen einsehen und verwalten können, ohne jedoch gegenseitigen Einblick in ihre Daten oder Ähnliches zu haben. Der Produktionsprozess muss für Sie in allen Schritten vom Wareneingang über die Fotografie, Video und Produkttexterstellung bis hin zum Warenausgang transparent sein. Das funktioniert am einfachsten über die jeweilige elektronische Erfassung des

> „Der Produktionsprozess muss für Sie in allen Schritten transparent sein."

Artikels, in der Regel über die EAN auf dem Etikett, an den beschriebenen Stationen.

Sie sollten die produzierten Inhalte stets online ansehen und freigeben können.

Weiter sollte der Content-Dienstleister Ihnen online eine mandantenfähige Lösung anbieten, um die produzierten Bilder, Videos und Texte zu kommentieren, freizugeben und abschließend die Daten nach einer Endkontrolle dem Shop zur Verfügung zu stellen. Prüfen Sie Ihren ausgewählten Dienstleister im Vorfeld auf seine Leistungsfähigkeit in diesem Punkt, damit Sie bei der Produktion keine Zeit verlieren.

8. Achten Sie auf Qualitätssicherung

Ein im Vorfeld nach einem Briefing entwickelter Styleguide für Foto, Video und Text verhindert, dass es später zu Diskussionen und subjektiven Beurteilungen kommt.

Zusätzlich muss der Dienstleister Ihnen eine transparente Prozessdokumentation bis hin zur Fakturierung und damit ein klares Monitoring liefern können. So beschreiten Sie gemeinsam eine schnelle Lernkurve, und auch bei kürzester Produktionszeit bleibt der Qualitätsstandard gleich hoch.

9. Aus eins mach drei, vier oder acht

Prüfen Sie bei der Content-Produktionsplanung, welche Bildqualität und vor allem welche Auflösung Ihnen der ausgewählte Content-Dienstleister liefern kann.

Die grundsätzlich gelieferte Bildqualität muss ausreichen, um eine Zoomansicht oder Ausschnitte aus der Originalaufnahme (Vorder- und Rückansicht des Artikels) generieren zu können. Meist ist es kostengünstiger, eine Detailansicht aus dem Original bei der Bildbearbeitung zu generieren, als eine neue Aufnahme zu machen.

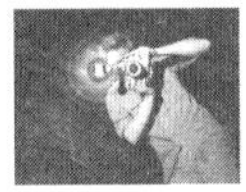

10. Halten Sie die Content-Produktionskosten variabel

Wenn Sie Angebote verschiedener Content-Dienstleister vergleichen, so berücksichtigen Sie dabei auch die Preisgestaltung und die damit verbundene angebotene Aufnahmenanzahl.

Nicht jedes Produkt benötigt gleich viele Aufnahmen.

Komplettpreise pro Artikel, die eine gewisse Aufnahmenanzahl pro Artikel beinhalten, bieten Ihnen keine Möglichkeit, die Produktgruppen zielführend und damit kostenadäquat abzubilden. So erfordert ein weißes Basic-Shirt für 20 Euro zum Beispiel keine Aufnahme von vorne, von hinten und eines Details, doch bei einer aufwendig verarbeiteten Lederjacke für 299 Euro ist es durchaus sinnvoll, diese von vorne, von hinten und mit mehreren Details abzubilden.

Ein Preis pro Aufnahme bietet den Vorteil, dass Sie den Preis pro Artikel selbst beeinflussen können. Wenn Sie klar definieren, wie viele Aufnahmen Sie pro Produktgruppe wünschen, hilft Ihnen dies bei Ihrer Budgetplanung und sorgt für eine eindeutige Fakturierung. Außerdem können Sie Ihr Budget so jederzeit reduzieren.

Zusammenfassung

Fazit: Sorgfältige Planung für eine optimale Produkt-Präsentation

Bei der Content-Produktion für Online-Shops lauern viele Fallen. Eine genaue Planung von Text, Übersetzung, Fotografie, Grafik, Video und Datenmanagement hilft Ihnen jedoch, diese typischen Fehlerquellen zu vermeiden und Ihre Produkte optimal zu präsentieren.

Die 5 häufigsten Fehler

Fünf häufige Fehler, die Ihrer Content-Produktion schaden

- **Sie vernachlässigen die Content-Produktion.**

Bei der Planung eines Online-Shops wird die Content-Produktion aufgrund der vielfältigen für den E-Commerce notwendigen Disziplinen oft nur zweitrangig berücksichtigt. Neben der Produktqualität und der Sortimentsgestaltung sind jedoch gerade die Produktdarstellung und die Produktbeschreibung maßgeblich für den wirtschaftlichen Erfolg Ihres Shops. Daher sollten Sie der Auswahl des optimalen Content-Dienstleisters für Ihr Unternehmen eine besondere Beachtung zukommen lassen, damit Sie Ihre Absatz- und Gewinnziele leichter erreichen.

- **Sie wählen die falschen Models.**

Achten Sie bei der Auswahl Ihrer Models darauf, von welchen Menschen sich Ihre Zielgruppe angesprochen fühlt. Menschen über 50 fühlen sich von Zwanzig- oder Dreißigjährigen nicht angesprochen, und eine Zielgruppe, die sich eher konservativ kleidet, kann mit flippigen Models mit Piercings und Tattoos nichts anfangen.

- **Ihre Produkte sind nicht überzeugend dargestellt.**

Bademode zeigt man am besten am Model, Schmuck und Accessoires dagegen lieber ohne Menschen, dafür aber mit Detailaufnahmen. Informieren Sie sich, welche Darstellungsformen und welches Darstellungsumfeld für Ihre Produkte am besten sind – damit Sie sie optimal in Szene setzen können.

- **Eine fehlerhafte Planung lässt die Kosten explodieren.**

Überlegen Sie sich im Vorfeld, ob Sie zusätzliche Aufnahmen oder Textvarianten benötigen, und geben Sie diese gegebenenfalls gleich mit in Auftrag. So vermeiden Sie weitere Kosten, die anfallen, wenn Sie die gleichen Produkte später noch einmal fotografieren lassen müssen.

- **Ihre Produkte gelangen nicht schnell genug in Ihren Shop.**

Wer etwas verkaufen will, möchte dieses Produkt nicht nur optimal präsentieren, sondern es auch möglichst schnell anbieten. Achten Sie darauf, dass Ihnen die Abläufe bei Ihrem Content-Dienstleister dies auch ermöglichen. So sollten Sie zum Beispiel Texte und Produktaufnahmen online einsehen und überprüfen können.

Ihre Notizen:

....

....

Ihre Notizen:

....

....

Tobias Schlegel

Texten für Online-Shops

Viele Online-Shops transportieren das echte Verkaufsgespräch vom Ladengeschäft in die virtuelle Welt. Vieles ist gleich, manches anders: Auch hier stellt der Kunde Fragen. Wo sonst ein Verkäufer Rede und Antwort steht, muss es im Internet der Shop tun. Auch hier müssen Kunden an die Hand genommen und von Vorteil zu Vorteil geführt werden. Was hier hilft: ein klares Textkonzept.

Der Autor

Tobias Schlegel

Tobias Schlegel ist Diplom-Politik- und Kommunikationswissenschaftler und Chefredakteur der Textakademie GmbH. Hier ist er zuständig für Konzeption, Beratung und Beurteilung von klassischen Werbemitteln, wie auch für Texte und Werbe-Auftritte in den „neuen Medien".

Dabei besonders hilfreich: Sein Blick dafür, ob Werbebotschaften wirken – oder nicht. Und das feine Händchen für Texte, die verkaufen. In vielen Beratungsprojekten und Expertisen ist er ein gefragter Ansprechpartner, wenn Kundenmailings kritisch überprüft, analysiert und Optimierungs-Potenzial aufgedeckt werden soll.

Seine Begeisterung für klare Sprache setzt er auch im SGV Verlag um. Hier überwiegend in neuen Buchkonzepten oder in der Vermarktung der existierenden Publikationen.

Texten für Online-Shops

Kaum ein Unternehmen, das sein Sortiment nicht auch im Internet anbietet. Wie die Anzahl an Online-Shops explodiert, so tut es auch die Zahl der Internetkäufer: 32,5 Millionen Deutsche nutzen das Internet als Einkaufskanal, so die Studie „Versandhandel in Deutschland 2009“. Besonders beliebt: Bekleidung und Schuhe, aber auch Flugtickets, Bahnreisen und Mietwagen.

Immer mehr Menschen nutzen das Internet zum Einkaufen.

Rein technisch gibt es für das virtuelle Ladengeschäft so viele Möglichkeiten wie nie zuvor. Kunden betrachten das Produkt aus allen Perspektiven, ändern per Mausklick die Farbe, fügen schnell weitere Ausstattungsmerkmale hinzu und überhaupt: Die schroffe Listenansicht von einst scheint einem multimedialen Einkaufserlebnis gewichen.

Doch wie steht es heute in Online-Shops um den Text? Hält er mit der technischen Entwicklung Schritt – oder steht alles auf Anfang? Die Wahrheit liegt irgendwo dazwischen: Weil zum einen immer noch reine Produktbeschreibungen zu finden sind – zum anderen viele Stilmittel unserer Sprache genutzt werden. Was in einem Shop sich textlich langweilig präsentiert, ist in einem anderen ansprechend, emotional, aktivierend und zielgruppengerecht.

Erste Notizen:

....

....

1. Lesen am Bildschirm strengt an und ist nur geeignet für kurze Beiträge! Gilt das auch für den Online-Shop? Ja und nein ...

Ja, weil wir am Bildschirm bis zu 40 % langsamer lesen als in gedruckten Texten. Ja, weil noch immer ausführlicher in Zeitschriften und Zeitungen gelesen wird. Und ja, weil die Leselust für lange Online-Beiträge mit dem Alter sinkt:

Auch der Shop-Besucher möchte sich vor einem Online-Kauf informieren.

Nur ein Drittel der 30- bis 49-Jährigen und 13 Prozent der über 50-Jährigen lesen sie online (laut einer Studie der TNS Emnid Medienforschung). Ja, weil Bildschirmleser die schnelle Informationssuche mit unmittelbarem Erfolg schätzen. Sie stöbern nur ungern lange nach Kernaussagen. Gewünschtes Suchmuster: suchen und finden!

Nein, weil sich Shopbesucher vor einem Kauf genauso wie im Ladengeschäft ausführlich informieren möchten. Was sind die Vorteile? Welchen Nutzen habe ich? Auf die sprichwörtliche „Katze im Sack“ wird gerne verzichtet: Man möchte wissen, was man bekommt. Ganz besonders bei Modeartikeln und Haushaltsgeräten, so eine Studie der dmc. Und ein Nein für Produktbeschreibungen im Stakkato-Stil, weil der Verkauf darüber doch meist misslingt.

2. Was gilt nun für Texte im Online-Shop? Kurz, lang – oder die goldene Mitte?

Online gelten andere Anforderungen als offline. Und: für Online-Shops ganz besonders! Die Besonderheit für den Text: Er teilt sich in mehrere Ebenen.

Deutlich wird das, wenn wir in Online-Shops per Produktkategorie einsteigen. Was dann zu sehen ist: das entsprechende Sortiment. In Bildern. Text gibt’s nur, wenn man den Mauszeiger über das entsprechende Bild zieht. Oder er steht kurz und knapp unter dem Bild. In Schlagwörtern oder meist in einem kurzen Satz. Die Herausforderung an den Texter: die Produktaussage zu finden, den Benefit für den Kunden herauszuarbeiten und in wenigen Worten zu begeistern. Hier steht die schnelle Information, um die Bildbotschaft weiter zu stärken. Der Kunde muss schnell auswerten: Lohnt sich ein Klick in die Tiefe? Oder ist ein anderes Produkt interessanter?

Mit dem Klick kommt mehr Text zu Jacke, Hose oder Hemd. Häppchenweise wird der User mit mehr Informationen versorgt, die ihn nach und nach immer tiefer in das Verkaufsgespräch „verwickeln“ sollen. In der zweiten Ebene nennen Produktbeschreibungen das Wichtigste zuerst, beschränken sich auf das Wesentliche und zeigen per klarer und einfacher Struktur, dass die Informationen schnell und einfach auszuwerten sind.

Verteilen Sie Informationen auf mehrere Ebenen. Klick für Klick erfährt der Online-Käufer mehr.

Weiterhin gelten die Empfehlungen des Dialogmarketings: Pro Satz ein Gedanke, kurze Sätze und: Vorteile, Vorteile, Vorteile! **Die ideale Satzlänge?** Die ist kürzer, als wir es von Verkaufstexten kennen. Hier haben wir uns angewöhnt: Nach spätestens 20 Wörtern ist Schluss. Zur Orientierung: Für die dpa liegt die Obergrenze der optimalen Verständlichkeit bei neun Wörtern, die Obergrenze für gesprochene Texte bei 14 Wörtern. Und diese „Leitplanken“ merken wir uns für Texte in Online-Shops. Setzen Sie ihn, den Punkt, nach 14 Wörtern. Je kürzer, desto besser.

3. Trennen Sie weitere Informationen von der Produktbeschreibung

Natürlich möchten Kunden mehr als nur den Text zum Bild. Sie möchten wissen, in welchen Farben, Formen oder Größen das Produkt erhältlich ist. Oder wie Lieferbedingungen, Garantiezeiten oder Versandkosten sind.

Und vor allem: Sie möchten danach ebenso wenig suchen wie nach Kernaussagen im Beschreibungstext. Doch wo nun all die begleitenden Textinformationen unterbringen? Die gute Nachricht: Auch Online-Shops bieten heute viele Möglichkeiten, mehr Text denn je unterzubringen!

Kunden wollen noch viel mehr wissen: Lieferbedingungen, Garantiezeiten, Versandkosten usw.

Doch wie? Verlinkungen verteilen im Online-Shop zwar die Textmenge, doch führen sie automatisch Klick für Klick weiter weg vom Kauf. Besser, wenn der User gleich alle Auswahlmöglichkeiten für den Text auf einen Blick hat: Immer öfter begegnet man deshalb Texten, die per Reiterfunktion in übersichtliche Häppchen geteilt sind. Der Vorteil: Navigiert wird nicht über den „Zurück-Botton", sondern mit Klick auf „Produktbeschreibung", „mehr Details", „Versand und Lieferung" oder „Garantie". Das Produktbild bleibt, es ändert sich nur der Text. Einen Ansatz dazu zeigt der Online-Shop von „Lands' End".

4. Entwerfen Sie ein Textmuster und denken Sie in Produktclustern

Ein Online-Shop braucht ein klares Textkonzept. Passend zu den angebotenen Produkten. Denn was wir sehen, muss der Text verstärken.

Auch ein guter Verkäufer verstärkt ein Produkt durch Worte. Schlechte Verkäufer bleiben unverständlich und führen nicht. Der Text im Shop ist die Stimme des Verkäufers. Welcher Verkäufertyp soll dort auftreten? Wohin soll er die Aufmerksamkeit des Lesers lenken?

Mit Textrastern lassen sich einheitliche Textstandards schaffen.

Mit definierten Textrastern gelingt es, viele Hundert Artikel zu texten und einheitliche (Text-)Standards im Shop zu etablieren. Und: Nur so kann garantiert werden, dass Informationen in der richtigen Reihenfolge und zielgruppengerecht platziert werden. Produkttexte haben meist vier Elemente:

- Nutzenformulierung, Nutzenversprechen („Consumer Benefit")
- Nennung von Merkmalen, die den Nutzen untermauern

- Eigennamen von Materialien oder Patenten, die in der Regel für den Leser übersetzt werden müssen
- Eventuell konkrete Nennung der Zielperson

In Textrastern definiert man nun die Abfolge und Funktion dieser Elemente. Und: All das kann per einführende Sätze kombiniert werden. Hier inszenieren wir das Produkt, setzen es in die Welt des Lesers, laden es emotional auf oder zeigen es mit Worten in der konkreten Anwendung. Je nach definierter Tonalität wird aus „Hochwertige Espressotasse mit Untersetzer, Keramik, 8 cl Fassungsvermögen“ ein: „Damit schmeckt der Espresso wie beim Italiener! Dolce vita für zu Hause: Espressotasse in klassisch-schicker Form.“

Einführende Sätze helfen Ihnen, Ihr Produkt perfekt zu inszenieren.

5. Wie Sie mit einer guten Geschichte Produkten richtig viel „Pep“ verleihen

Stichwort Storytelling: Hier baut der Texter eine Kulisse für seine Aussagen auf. Er entführt den Leser in ein spannendes Sprachbild, in dem nun ganz bewusst Stimmungen und Assoziationen gesetzt und geweckt werden.

Natürlich fährt die eigene Leselust und -konzentration schlagartig nach oben, wenn der Text eben nicht nur trockene oder sehr abstrakte Appelle vermittelt, sondern klare Bilder im Kopf entstehen lässt.

Doch: Nur Geschichten zu erzählen reicht nicht! Das Produkt muss in der konkreten Anwendung dargestellt werden. Denn niemand kauft eine Hose, weil er Hosen so toll findet. Jemand kauft eine Hose, weil sie einfach zu vielen Gelegenheiten passt, klasse aussieht oder sich toll trägt. Storytelling macht für den Texter mehr Mühe – ist aber auch gleichzeitig eine Garantie für mehr Aktivierung. Der Leser wird dort abgeholt, wo er steht, und per Direktansprache in das Produkt „verwickelt“. Noch fesselnder werden Geschichten durch die emotionale Aufladung mit Adjektiven. Denn sie aktivieren unsere Vorstellungskraft.

Zeigen Sie ganz konkret, wie Ihre Kunden Ihre Produkte anwenden können!

Adjektive sind ein wichtiges Mittel, um Bilder konkreter zu zeichnen, Dinge voneinander abzugrenzen. Sie helfen uns, auf unsere Wortskizze Farben aufzutragen. Am besten gelingt das mit Eigenschaftswörtern, die unsere fünf Sinne ersetzen: Tasten: rau, glatt; Schmecken: süß, salzig; Hören: laut, leise etc. Oder da ist ein Pullover: „wohlig, weich, seidenweich, eiskalt, schmiegt sich an, kratzt“. Jedes Wort löst eine Rückkopplung aus, und wir fühlen es auf unserer eigenen Haut.

6. Entwerfen Sie echte Vorteile und texten Sie Unique Content!

Wie ein Verkäufer im Ladengeschäft ein Produkt erklärt und anpreist, so muss es auch sein virtueller Vertreter tun.

Vorteile machen Produkte schneller „greifbar“.

Klarer Grund: Erkennt ein Leser schnell Vorteile für sich, ist er eher geneigt, sich mit einer Information zu beschäftigen. Hier transportieren wir Vorteile eines Produkts in die Lebenswelt des Nutzers, zeigen also ganz konkreten Nutzen. Machen Sie sich bewusst: Niemand kauft Funktionen – und kaum jemand kann sofort sagen, was denn nun an 2000 Watt bei einem Haarföhn so besonders ist: Hier lautet die Übersetzung: 2000 Watt bedeuten … dass die Haare im Nu geföhnt sind …

Es gibt mehrere Möglichkeiten, leserbezogenen Nutzen in ein Shop-Textraster zu integrieren. Die zwei wohl bekanntesten: Erst das Merkmal / die Funktion, dann der Nutzen. Oder umgekehrt: Steht der Nutzen gleich am Anfang, wird der Leser auch bei Kurztexten in der Bulletpoint-Aufzählung besonders effektiv abgeholt. Merkmal/ Funktion stehen dann als Beweis für den Nutzen. Beispiel: „Da passt ordentlich was drauf! 250 GB haben Platz für alles!“

Übrigens: Auch für die Suchmaschinen ist es sinnvoll, individuelle Beschreibungen zu entwerfen. Angereichert mit

Keywords schaffen Sie so ein Differenzierungsmerkmal. Und werden dort gleich ganz anders gewichtet. Zum Vergleich: Wird die Produktbeschreibung des Herstellers übernommen, geben Suchmaschinen auf eine Useranfrage hin andere Shopseiten mit an, die denselben Text verwenden. Dadurch ist Ihr Shop nur einer unter vielen anderen.

Auch Suchmaschinen lieben individuelle Produkttexte.

7. Verknüpfen Sie Katalog und Shop!

Eine gute Nachricht für alle, die trotz Internet und Web 2.0 immer noch Kataloge und Prospekte drucken: 67 Prozent aller Internet-Kunden informierten sich vor der Bestellung eines Produkts zunächst im Katalog des Versenders, so die repräsentative Verbraucherstudie „Distanzhandel in Deutschland 2009“. Der Katalog bleibt damit auch im Online-Zeitalter ein festes Fundament.

Deshalb wichtig: Sie laden im Katalog potenzielle Kunden in Ihren Online-Shop ein. Zeigen Sie mit eingedruckter Web-Adresse, wie man in Ihren Online-Shop kommt. Machen Sie ihm dann die Online-Bestellung so einfach wie möglich! Dazu gehört ein übersichtliches Bestellformular, in dem Sie nur die wesentlichen Angaben vom Kunden abfragen. Pflichtfelder sind deutlich als solche gekennzeichnet und die Anzahl der Bestellschritte ist auf ein Minimum beschränkt. Verlangen Sie von Ihren Kunden keine zu großen Anstrengungen. Denn: Schnelle Medien in einer schnellen Zeit verlangen schnelle Reaktionsmittel!

Machen Sie Ihren Kunden den Bestellvorgang so einfach wie möglich!

Das heißt auch: Der Fokus liegt beim Bestellvorgang. Notwendige (rechtliche) Hinweise, Lieferzeiten und Versandkosten gehören zwar dazu, nicht aber weitere Seitenelemente, die von der Bestellung ablenken.

8. Web 2.0: Online-Shopper zur Sprache kommen lassen

„Empfehlung ist der beste Verkäufer." Das gilt auch für den Online-Shop.

Kundenmeinungen unterstützen beim Online-Shopping das Kaufverhalten anderer. Das sagt auch eine Studie der Marktforschungsgruppe GfK. Von 1102 repräsentativ ausgewählten Internetnutzern kaufen 57,1 Prozent eher in einem Online-Shop ein, wenn sie dort positive Meinungen anderer Nutzer lesen. Bei negativen Bewertungen überlegt sich über die Hälfte der Befragten, den Kauf abzubrechen.

Reagieren Sie auf Kundenbewertungen.

Und: Die Meinungen und Bewertungen sind dann besonders wichtig, wenn der Verbraucher den Online-Shop noch nicht kennt oder per Vorkasse bezahlt. Doch was bei (berechtigt) kritischen Kundenmeinungen? Gehen Sie offen damit um! Äußern Sie sich per Kommentarfunktion zu den Anregungen und setzen Sie sie später auch um. Dabei muss sich der Kundendialog nicht nur auf Feedback beschränken: Geben Sie dem Kunden auch die Möglichkeit nachzufragen. Das deckt bestehende Unklarheiten auf, die Sie beseitigen können. Oder hinterlegen Sie häufig gestellte Fragen in einer einfachen Übersicht im Shop hinterlegen. Natürlich geht heute noch mehr. Zum Beispiel mit einem Forum als weiterem Kommunikationskanal. Oder mit Kunden-Empfehlungen, um Zusatzkäufe auszulösen.

9. Auch im Online-Shop: Mit Text führen

Die Realität in vielen Online-Shops: Warenkörbe, in die der Kunde zwar Produkte gelegt, aber keine Bestellung ausgelöst hat. Warum nicht?

Hier ist uns der User den vorausgedachten Weg hin zur Bestellung nicht gefolgt. Mögliche Gründe: Vielleicht waren es Stolpersteine bei der Bestellung, die er einfach nicht überspringen wollte. Vielleicht waren die Wegweiser in den Warenkorb und zur Kasse zu verwirrend und nicht deutlich genug. Bestimmt aber haben wir ihn während der Bestellung oder auch schon davor allein gelassen, ihm keine helfende Hand gereicht. Denn auch im Online-Shop gilt: Wer verkaufen möchte, muss führen. Denn wir dürfen den Leser, liest er einmal, nicht verlieren. Deshalb liefern verkaufsstarke Texte neben den Vorteilen auch gleich eine Handlungsanleitung mit.

Im Online-Shop geschieht Führung über kurze und klare Aussagen, die dann immer auch ein konkretes Bild zeichnen: Der User weiß, welche Aktion mit Klick auf einen Button ausgelöst wird: „Jetzt online kaufen", „zur Kasse", „Bestellung fortsetzen", „in den Warenkorb", „Jetzt gleich bestellen".

> „Denn auch im Online-Shop gilt: Wer verkaufen möchte, muss führen."

Natürlich gibt es hier dann auch noch die kleinen Wörtchen, die Reaktionsschwellen reduzieren. „Einfach" ist so eines. Kombiniert mit Formulierungen, die etwas Zeitdruck erzeugen, schieben Sie den Leser bestimmt – aber behutsam – in und durch den Bestellvorgang. Noch stärkere Anstöße, jetzt zu reagieren, erreichen Sie zum Beispiel mit: „gleich", „jetzt", „sofort", „bis zum …", „solange Vorrat reicht / solange auf Lager", „nur noch", „bis zum", „Sonderangebot" … An die Hand genommen, finden Kunden den Weg zur Kasse leichter.

Wörter wie „einfach", „gleich" oder „jetzt" schieben die Kunden behutsam zur Kasse.

Übrigens: Shop-Betreiber führen heute auch über sogenannte Themen- und Produktwelten. Hier zeigt man dem Kunden, welche Accessoires und Geräte er für Küche, Büro oder Wohnzimmer unbedingt benötigt.

10. Wie spricht Ihr Online-Shop?

Jeder Shop spricht mit seinen Kunden. Doch wie? Das entscheiden Sie. Ob beratend, ausführlich, jugendlich oder fachlich.

Das macht der Text. Und auch die Produkte, die Sie anbieten. Wenn hochwertiges Golfzubehör in Jugendsprache angeboten wird, wirkt es auf Ihre Zielgruppe irritierend.

Halten Sie Ihre Sprache einfach.

Was immer gilt: Lassen Sie Ihren virtuellen Verkäufer mit Ihren Kunden sprechen! Übersetzen Sie Produktmerkmale mit einfacher Sprache in Nutzen: Seitliche Dehnzonen sorgen für perfekten Tragekomfort. Passen Sie die Emotionalisierung Ihren Produkten an. Parfum ist ausgesprochen „sinnlich" und „blumig" oder „betont sanft und unaufdringlich die eigene Sinnlichkeit". Doch Vorsicht: Wird zu pädagogisch, erklärend und freundlich beraten, geht die Orientierung in den Verkauf schnell verloren. Denn weil Texte sehr bildhaft und emotional sind, tun sie sich manchmal schwer, die Wendung in die klare Bestellaufforderung hinein zu schaffen. Wenn schon nicht im Text, sollten zusätzliche Strukturelemente (wie Buttons) für diese verkäuferische Klarheit sorgen, wie „Jetzt kaufen", „Gleich bestellen", „20 % sparen". Noch stärkere Kaufreize setzen Sie mit echten Vorteilswörtern: „Fast geschenkt".

Die 5 häufigsten Fehler

Die fünf häufigsten Fehler

- **Technische Details und Produktbeschreibung sind nicht voneinander getrennt.**

Teilen Sie. Klar und deutlich. Verfügbare Größen, alles Technische oder Versandbedingungen en détail sind zunächst von untergeordnetem Interesse. Sie blähen den Text nur unnötig auf. Und machen Lesen anstrengend, wenn Produkttext und -beschreibung gemischt werden.

- **Sie geben die „Zügel aus der Hand" und führen nicht.**

Verkaufen bedeutet auch immer: den Kunden nah an sich ziehen und ihn durch das Sortiment bis hin zum Kauf begleiten. Ganz schnell geschieht das durch klare Botschaften. Anstatt „Weiter" oder „Mehr" sagen wir, was beim nächsten Klick geschieht: „Zu Sommer, Sonne, Strand", „Rein in den Flieger" oder „20 % sparen".

- **Shop-Besucher sehen unstrukturierte Texte.**

Sogenannte „Textwüsten“ machen wenig Lust. Man ist froh, dass man das nicht lesen muss und klickt sich weiter. Zum nächsten Online-Shop. Bieten Sie dem User mit einer klaren Textstruktur ausreichend Anreize, in den Lesevorgang einzusteigen. Machen Sie ihm Lust und vermitteln Sie: „Diese Informationen sind leicht und schnell auszuwerten.“

- **Sie verstecken Hinweise zu Versandkosten oder Lieferzeiten.**

Ihr Kunde wird sie suchen! Doch: Jeder Klick bedeutet auch immer einen Schritt weiter weg vom Kauf. Und bevor der nächste Klick in einen anderen Online-Shop geht: Weisen Sie auf Versandkosten und Lieferzeiten hin. Einfach und schnell: „Versandkostenfrei ab 24,90 Euro. Lieferzeit: 2-3 Werktage.“ Wenn Sie das so einhalten können.

- **Statt Unique Content: Sie übernehmen die Produktbeschreibung des Herstellers „eins zu eins“.**

Wenn der Verkäufer im Ladengeschäft ein Produkt anpreist, fängt er an zu erzählen. Er verwandelt Produktmerkmale in Vorteile, weist auf Garantieleistungen hin und sagt, dass gerade dieses Produkt die beste Wahl sei. Beschränkt sich der Shoptext rein auf Produktmerkmale (2000 Watt), ist niemand da, der für uns übersetzt. Und uns sagt, wieso 2000 Watt für starke Trockenleistung sorgen.

Literatur

Breitschaft, Markus / Krabichler, Thomas / Stahl, Ernst / Wittmann, Georg (2009): E-Commerce-Leitfaden. Erfolgreicher im elektronischen Handel. 2., überarbeitete und erweiterte Auflage. Regensburg: ibi research an der Universität Regensburg GmbH.

Gottschling, Stefan (2010): Lexikon der Wortwelten: Das So-geht's-Buch für bildhaftes Schreiben. 3., überarbeitete und erweiterte Auflage. Augsburg: SGV Verlag.

Gottschling, Stefan (2007): Stark texten, mehr verkaufen. Kunden finden, Kunden binden mit Mailing, Web & Co. 3., überarbeitete und erweiterte Auflage. Wiesbaden: Gabler.

Versand- und Online-Handel in Deutschland 2009 (B2C). Jahresprognose und Zwischenergebnis der Studie „Distanzhandel in Deutschland 2009" von TNS Infratest im Auftrag des Bundesverbandes des Deutschen Versandhandels. Frankfurt am Main: Bundesverbandes des Deutschen Versandhandels (bvh).

Themenfoto Online-Shops:
© Martin Fally – Fotolia.com

Ihre Notizen:

....

....

Martin Bucher

So kommen Ihre E-Mails garantiert gut an

Für E-Mail-Marketers ist es eine Selbstverständlichkeit, dass E-Mails innerhalb kürzester Zeit die Empfänger erreichen. Tatsächlich wird der Erfolg von Mailings von vielen Faktoren beeinflusst. Ob Ihre E-Mail-Kampagnen erfolgreich sind, haben Sie in der Hand. Wie, das verraten Ihnen die folgenden 10 Tipps.

Der Autor

Martin Bucher

Martin Bucher ist seit über zehn Jahren im Bereich E-Mail-Marketing tätig. Als einer der beiden Gründer der Inxmail GmbH ist der studierte Diplom-Informatiker verantwortlich für die Produktentwicklung der E-Mail-Marketinglösung Inxmail Professional sowie für die grundlegende strategische Ausrichtung des Unternehmens.

Inxmail ist einer der führenden Anbieter von E-Mail-Marketinglösungen für professionelle Marketer und Agenturen. Die mehrfach mit Innovationspreisen ausgezeichnete E-Mail-Marketinglösung Inxmail Professional besticht durch hohe Leistungsfähigkeit, maximale Flexibilität und eine Fülle an professionellen Funktionen. Exzellente Kundenbetreuung, kombiniert mit Leistungen aus dem weltweiten Inxmail Partnernetzwerk, runden das Angebotsspektrum ab. Inxmail ist Gründungsmitglied der Certified Senders Alliance (CSA) und Unterzeichner des Ehrenkodex E-Mail-Marketing des DDV.

10 E-Mail-Marketing-Tipps, mit denen Ihre E-Mails garantiert ankommen

E-Mail-Marketing ist Bestandteil fast jeder erfolgreichen Marketingstrategie. Nicht nur, weil es eine der wirkungsvollsten Internet-Werbeformen ist, sondern auch, weil es durch Einfachheit besticht. Denn für das Versenden von Tausenden oder gar Millionen personalisierter E-Mails genügt ein Klick in der E-Mail-Marketinglösung.

E-Mail-Marketing ist effizient und persönlich.

Für Sie als Marketer ist es eine Selbstverständlichkeit, dass Ihre E-Mails innerhalb kürzester Zeit beim Empfänger ankommen. Abgesehen von unzustellbaren E-Mails gibt es jedoch eine große Anzahl an Mails, die von Empfängern nie gelesen werden. Um den Erfolg Ihrer Mailings zu erhöhen, gilt es sowohl technische als auch gestalterische Herausforderungen zu meistern.

Technisch geht es um Zustellbarkeit und Darstellbarkeit. Diese sorgen dafür, dass Ihre E-Mails sicher und designkonform in die Postfächer der Empfänger zugestellt werden. Mit der richtigen Betreffzeile, frei von Spammerkmalen und mit einem vertrauensvollen Absender motivieren Sie, korrekt zugestellte E-Mails zu öffnen. Denn erst dann werden Ihre Mailings wirklich wahrgenommen und können die beabsichtigte Wirkung erzielen.

Zustellbarkeit und Darstellbarkeit sind entscheidend für den Erfolg Ihres E-Mail-Marketings.

Ob Ihre E-Mail-Kampagnen erfolgreich sind, haben Sie in der Hand. Wie, das verraten Ihnen die folgenden zehn Tipps, die Sie direkt umsetzen können. Am Ende finden Sie zudem fünf typische Fehler aufgelistet, die Sie unbedingt vermeiden sollten, um die Zustellrate Ihrer Mailings nicht zu gefährden.

1. Outsourcen Sie die Versand-Technologie

Nicht umsonst ist „Zustellbarkeit" das Reiz- und Zauberwort im E-Mail-Marketing. Denn allzu viele E-Mails schaffen es nicht in die Postfächer der Empfänger. Hinter dem Versand einer großen Zahl von E-Mails stecken sehr viel Spezialwissen, Technologie und Organisation. Outsourcing ist hier die Lösung.

Der erfolgreiche Betrieb von E-Mail-Marketing-Systemen erfordert Spezialwissen und Organisation. Angefangen von hochleistungsfähigen Servern bis hin zur garantierten Zustellbarkeit – damit Ihre E-Mails auch tatsächlich ankommen, muss eine Bandbreite an Aufgaben erfüllt werden.

Ein spezialisierter Anbieter nimmt Ihnen die technischen Aspekte des E-Mail-Marketings ab.

Vertrauen Sie deshalb einem spezialisierten Technologieanbieter. Dieser nimmt Ihnen alle technischen Aspekte sehr effizient ab. Dadurch bekommen Sie den Kopf frei für die kreativen Aufgaben im E-Mail-Marketing. Bequem greifen Sie auf die E-Mail-Marketing-Lösung entweder per Webbrowser oder besonders im Profibereich per Client-Software zu.

Achten Sie darauf, dass Ihr Technologie-Anbieter ein von der Certified Senders Alliance (CSA) zertifizierter Versender ist. Dadurch werden Ihnen technologische und datenschutzrechtliche Qualitätsstandards sowie eine hohe Zustellrate garantiert. Manche Internet-Service-Provider (ISP) und Anti-Spam-Software werten diese Zertifizierung so positiv, dass E-Mails von diesen Versendern die Spamfilter anstandslos passieren.

2. Gewinnen Sie die Empfänger selbst

Es gibt viele Verfahren zum Aufbau eines E-Mail-Adressverteilers. Die Wahl des Verfahrens hat direkten Einfluss auf Spambeschwerden und Abmelderaten. Unangefochten erfolgreich sind Sie mit Abonnenten, die Sie auf der eigenen Website gewinnen.

Nur bei ausdrücklich erteilter Werbeerlaubnis dürfen Sie einen Empfänger in Ihren E-Mail-Kampagnen anschreiben. Dieses Opt-in-Prinzip ist die Grundlage für erfolgreiches und rechtskonformes E-Mail-Marketing.

Die Gewinnung neuer Abonnenten auf Ihrer eigenen Website ist und bleibt das effizienteste Verfahren, treue und interessierte Leser zu gewinnen. Bieten Sie leicht auffindbare Anmeldeformulare auf Ihrer Website an. Erklären Sie dabei nur die E-Mail-Adresse zum Pflichtfeld und weisen Sie auf Datenschutz und Datenverwendung deutlich hin.

Bei Adressdienstleistern ist Vorsicht angebracht.

Seien Sie mit Adressdienstleistern vorsichtig. Selbstverständlich gibt es hier sehr seriöse Angebote, doch viele Adressdienstleister nutzen Co-Registrierung und Gewinnspiele zur Adressgenerierung. Diese Adressen sind nicht nur relativ teuer. Manchmal ist das Verfahren auch rechtlich bedenklich. Besonders über Gewinnspiele generierte Adressen resultieren in hohen Abmelderaten und unzähligen Spambeschwerden.

Nicht empfehlenswert ist Adresskauf oder Adressmiete, selbst wenn es sich angeblich um „Opt-in-Adressen" handelt. Denn beim Adresshandel geht die Werbeerlaubnis nicht auf den neuen Besitzer über – diese Empfänger dürften Sie also nicht anschreiben.

3. Verwenden Sie das Double-Opt-in-Verfahren

Double-Opt-in ist ein Anmeldeverfahren, bei dem neue Abonnenten ihre Anmeldung ausdrücklich bestätigen müssen. Erst dann werden sie in den Adressverteiler des Newsletters aufgenommen. Das gibt nicht nur eine höhere Rechtssicherheit, sondern schützt auch vor massiven Spambeschwerden.

Double-Opt-in hat sich im E-Mail-Marketing zu einem Quasi-Standard entwickelt. Dabei wird eine E-Mail an die bei der Anmeldung angegebene Adresse gesendet. Durch den Klick auf einen dort enthaltenen Link bestätigt der Besitzer dieser E-Mail-Adresse seine Anmeldung.

Das Double-Opt-in-Verfahren stellt sicher, dass sich der Empfänger tatsächlich selbst angemeldet hat.

Das verhindert falsche Adressangaben bei der Anmeldung. Im Streitfall ermöglicht es Ihnen den Nachweis, dass die Anmeldung eines Empfängers von diesem tatsächlich und bewusst vollzogen wurde. Das ist wichtig, denn können Sie diesen Nachweis nicht erbringen, kann das erhebliche negative Konsequenzen für Sie haben.

Es gibt kein Gesetz, das Double-Opt-in vorschreibt. Es würde aber nicht schaden. Denn wer darauf verzichtet, riskiert Spambeschwerden und Blacklisting. Beides beeinträchtigt die Zustellraten erheblich.

Nicht alle neuen Abonnenten verstehen das Verfahren, einige lassen ihre Anmeldung unbestätigt. Dieser Schwund an potenziellen neuen Empfängern ist durchaus akzeptabel im Vergleich zu den großen Vorteilen, die Ihnen das Double-Opt-in-Anmeldeverfahren bietet.

4. Gehen Sie mit der Absenderadresse richtig um

Empfänger entscheiden innerhalb weniger Sekunden, ob neue E-Mails geöffnet oder ungelesen gelöscht werden. Neben der Betreffzeile ist die Absenderadresse ein wichtiges Kriterium. Ist diese einmal im persönlichen Adressbuch des Empfängers gespeichert, dann ist die Zustellung gesichert.

Die Absenderadresse ist ein wichtiges Kriterium, ob Ihre E-Mails geöffnet werden oder nicht. Fördern Sie die Öffnung, indem Sie dem Empfänger die durch den Anmeldeprozess vertraute Marke als Absender präsentieren. Schwer haben es E-Mails von nichtssagenden Absendern wie „Info-Service“ oder „Newsletter“.

Wenn dem E-Mail-Programm der Platz zur Anzeige Ihrer Absenderadresse nicht ausreicht, wird sie von hinten gekürzt. Deshalb sollte sie mit dem Markennamen beginnen, damit er nach Kürzungen noch sichtbar ist. So ist „Inxmail Newsletter“ besser als „News von Inxmail“.

Viele E-Mail-Programme und Webportale bieten dem Nutzer ein persönliches Adressbuch. Wird Ihre Absenderadresse dort gespeichert, haben Ihre Newsletter von den Spamfiltern der E-Mail-Programme nichts mehr zu befürchten. Diese Speicherung sollten Sie durch entsprechende Hinweise im Anmeldeprozess unterstützen.

Weisen Sie den Empfänger auf die Möglichkeit hin, die Absenderadresse zu speichern.

Behalten Sie die einmal eingeführte Absenderadresse unbedingt bei. Ansonsten müssen Sie Rückschritte in der Zustellbarkeit erwarten und den vertrauensbildenden Prozess von vorne starten.

5. Reduzieren Sie die Spamverdächtigkeit

Spamfilter versuchen, unerwünschte E-Mails vom Empfänger fernzuhalten. Leider geraten manchmal auch legitime E-Mails unter Spamverdacht. Die Fachleute sprechen dann von „False Positives“.

Spamfilter durchleuchten eingehende E-Mails sehr genau. Sie vergeben Strafpunkte für alles, was ihnen verdächtig vorkommt. Überschreitet der Punktestand einen Schwellenwert, gilt die untersuchte E-Mail als Spam. Meistens wird sie daraufhin in einen Spamordner einsortiert.

Welche Kriterien untersucht und mit wie vielen Strafpunkten belegt werden, kann sich täglich ändern. Deshalb gibt es keine Gewähr, dass das, was gestern noch als unkritisch angesehen wurde, heute problemlos die Spamfilter passieren kann.

Die Kriterien, wann eine E-Mail als Spam eingestuft wird, ändern sich häufig.

Beispielsweise gelten zu viele Bilder als verdächtig. Oder technische Fehler im HTML-Quellcode. Auch übergroße Schriftarten, Wörter in Großbuchstaben oder in Signalrot werden kritisch beäugt. Schwer haben es sehr große E-Mails und solche mit bestimmten Dateianhängen.

Unterziehen Sie Ihre E-Mails vor dem Versenden einem Spamtest.

Im Spamordner haben E-Mails eine sehr geringe Chance, jemals wahrgenommen zu werden. Beim Empfänger sind sie somit nicht angekommen. Unterziehen Sie Ihre E-Mailings deshalb vor jedem Aussenden einem Spamtest. Versuchen Sie, die Zahl der Strafpunkte zu reduzieren. Alle professionellen E-Mail-Marketing-Systeme bieten einen solchen Test an.

6. Erleichtern Sie das Abmelden

Die Funktion „Als Spam melden“ wird vom Webmailer immer an derselben Stelle angeboten. Sie ist viel bequemer zu erreichen, als im Newsletter nach dem Abmeldelink zu suchen. Ein Klick – und schon bekommt der Empfänger von diesem Absender keine E-Mails mehr.

Den Abmeldeprozess stiefmütterlich zu behandeln, ist kurzsichtig. Denn wer kündigen möchte, macht sich nicht die Mühe, nach Abmeldelinks zu suchen oder mit komplexen Abmeldeprozessen zu kämpfen. Stattdessen wählt er die bequem erreichbare Funktion „Als Spam melden“.

„Den Abmeldeprozess stiefmütterlich zu behandeln, ist kurzsichtig.“

Für Sie als Versender können zu viele Spammeldungen bewirken, dass Webmailer oder Spamfilter generell Ihre zukünftigen E-Mails als Spam werten. Diese Negativbewertung kann schnell eskalieren und somit den Erfolg Ihres E-Mail-Marketings gefährden.

Beugen Sie dem vor, indem Sie den Abmeldeprozess erleichtern. Bringen Sie einen Abmeldelink deutlich sichtbar im Fußbereich des E-Mailings unter, der auf eine Bestätigungsseite Ihrer Website verweist.

Binden Sie zusätzlich das Abmeldeverfahren „List-Unsubscribe“ ein. Damit wird dem Abonnent ein bequem erreichbares „Abmelden“ angeboten. Genutzt wird es zurzeit von den Webmailern Google Mail und Windows Live Hotmail sowie von Mozilla Thunderbird über dessen Add-on „Von Mailinglisten abmelden“. Ihr Dienstleister hilft Ihnen sicher bei der Umsetzung.

7. Verwenden Sie einfache E-Mail-Layouts

Es ist keine Selbstverständlichkeit, dass E-Mails bei allen E-Mail-Programmen korrekt dargestellt werden. Besonders die Vielzahl mobiler Endgeräte macht es dem Marketer nicht einfach. Auch das weit verbreitete Microsoft Outlook hat schon manchen Designer zum Verzweifeln gebracht.

Komplexe HTML-Layouts bringen viele E-Mail-Programme aus dem Konzept. Webportale entfernen aus den Inhalten Stilelemente und Webformulare. Manche Versionen von Lotus Notes zeigen Bilddateien im PNG-Format nicht an. Outlook nutzt zur Anzeige von E-Mails die eingeschränkte HTML-Fähigkeit von Microsoft Word.

Layout und Größe entscheiden darüber, ob Ihre E-Mail korrekt dargestellt wird.

Bauen Sie ausschließlich auf den kleinsten gemeinsamen Nenner: keine verschachtelten Tabellenstrukturen im HTML-Code. Für Bilddateien nur GIF- oder JPG-Formate. Verzichten Sie auf aktive Elemente wie JavaScript. Keine Webformulare, denn diese werden entfernt oder deaktiviert.

Minimalistisch sollte auch die Größe der E-Mails sein. Denn mobile Endgeräte haben langsamere Internetanbindungen. Bei zu großen E-Mails kann das Laden abbrechen, die E-Mail wird nur halb angezeigt. Stellen Sie sich darauf ein, dass Bilder unterdrückt werden. Deshalb gehört zu jedem Bild ein Alternativtext. Überprüfen Sie das Ergebnis mit einem Darstellungstest.

Es ist viel zu beachten, damit Ihre E-Mails beim Empfänger korrekt dargestellt werden. Als Hintertür fügen Sie einen Link zur Webansicht ein.

8. Überprüfen Sie die Darstellung

Der erste Eindruck zählt – auch bei E-Mails. Dass E-Mails wirklich so ankommen, wie es Ihr Corporate Design oder Ihre Agentur vorsieht, ist leider nicht gewährleistet. Darstellungstests zeigen mögliche Risiken auf und helfen, zielgruppenspezifisch zu optimieren.

Alle professionellen E-Mail-Marketing-Lösungen bieten einen automatisierten Darstellungstest an. Dieser liefert detaillierte Bilder davon, wie Ihre E-Mails in ausgewählten E-Mail-Programmen und Webmailern dargestellt werden.

Testen Sie die E-Mail vor dem Versand in allen wichtigen E-Mail-Programmen und Webmailern.

Überprüfen Sie diese Darstellung vor jedem Versand bei allen für Ihre Zielgruppe wichtigen E-Mail-Programmen und Webmailern. Da viele Empfänger das Nachladen von Bildern unterdrücken, müssen Sie sich auch solche Darstellungen anzeigen lassen.

Wählen Sie für den Darstellungstest die wichtigsten E-Mail-Programme aus. Es ist unwirtschaftlich, für den französischen Webmailer „Orange" zu optimieren, wenn Sie an eine deutschsprachige Zielgruppe schreiben. Umgekehrt müssen Sie Schweizer Webmailer im Darstellungstest ansehen, wenn Sie Schweizer Adressen anschreiben.

Natürlich können Sie keine hundertprozentige Darstellungssicherheit erreichen. Kleinere Abweichungen wird es immer geben. Sie müssen deshalb entscheiden, welche Sie tolerieren und welche Sie beheben müssen.

9. Sichern Sie die Qualität mit Checkliste und Freigabe

Wer das Mailing geschrieben hat, entwickelt schnell eine Blindheit gegenüber Fehlern. Das passiert selbst routinierten Redakteuren. An Tausende Abonnenten versandt, können diese peinlich bis geschäftsschädigend sein. Hier hilft nur systematisches Testen.

Ursachen solcher Fehlerblindheit gibt es viele. Häufig ist es der hohe Zeitdruck im Marketingteam bei vielen Unternehmen.

Großen Schaden richten Mailings an falsche Zielgruppen an. Peinlich sind solche mit falscher Anrede. Ihre Wirkung verfehlen Kampagnen, wenn sie den falschen Betreff enthalten, nicht auf die richtigen Webadressen verweisen oder inkorrekte Terminangaben enthalten.

Führen Sie deshalb eine systematische Qualitätssicherung vor jedem Versand durch. Moderne E-Mail-Marketing-Systeme bieten hier eine Fülle an Hilfsmitteln.

Mit einer Checkliste können Sie mögliche Fehlerquellen ausschalten.

Entwickeln Sie eine Checkliste. Diese haken Sie systematisch vor einer Aussendung ab. Die Checkliste sollte die typischen Fehlermöglichkeiten umfassen: Rechtschreibung, Verlinkungen auf Landeseiten, Betreff, Anrede, Zielgruppe, Personalisierungen, Spamtest, Darstellungstest, automatisierter Qualitätstest …

Gegen Fehlerblindheit nutzen Sie das Vier-Augen-Prinzip über einen Freigabeprozess. Dabei bekommt der Freigeber ein Testmailing und gibt es nach Prüfung frei. Dieser Freigeber kann ein Kollege, Ihr Chef oder der Kunde sein.

10. Verpflichten Sie Agenturen

Wie die vorangehenden Tipps zeigen, erfordert erfolgreiches E-Mail-Marketing einiges an Spezialwissen zu Gestaltung und technischer Umsetzung von E-Mailings. Spezialisierte Agenturen in die Pflicht zu nehmen, spart Zeit, schont Budget und Nerven.

Dabei können Agenturen Ihnen beliebige Aspekte im E-Mail-Marketing abnehmen. Von der einmaligen Erstellung spezieller Templates bis hin zu einem Rundum-sorglos-Paket – in der Fachsprache als „Full Service“ bezeichnet.

Full-Service-Agenturen haben Vor- und Nachteile.

Dieser Full Service bringt Sie wie eine Rakete zum Erfolgsziel – und das mit geringem eigenem Aufwand. Durch viele vergleichbare Projekte im E-Mail-Marketing profitieren Sie von Synergieeffekten und einem großen Erfahrungsschatz. Allerdings werden dadurch im eigenen Unternehmen kaum eigene Erfahrungen aufgebaut. Zudem besteht ein gewisses Abhängigkeitsverhältnis von der Agentur. Dabei gilt: Die Agentur kann nur das umsetzen, was die verwendete E-Mail-Marketing-Technologie bietet.

Wer die volle Kontrolle behalten und gleichzeitig von der Erfahrung der Agentur profitieren möchte, der lässt die für seine E-Mails notwendigen Templates von der Agentur entwickeln. Denn gerade hier steckt unheimlich viel Spezial-Know-how, das in den meisten Unternehmen selten anzutreffen ist.

Die 5 häufigsten Fehler

Fünf Fehler, die den Erfolg Ihrer E-Mails gefährden

- **Newsletter ungetestet versenden.**

Viele Newsletter werden auf den letzten Drücker fertig gestellt. Vergessen Sie auch unter Stress und Zeitdruck nicht, richtig und systematisch zu testen. Denn sonst entwickeln übersehene Fehler beim Massenversand gern ihr ganzes schädigendes Potenzial.

- **Antworten ignorieren.**

Organisieren Sie die Bearbeitung der Antwortmails Ihrer Abonnenten. Es wäre schade, wenn Sie Bestellungen übersehen. Kritisch wird es bei nicht bearbeiteten E-Mails zu Adressänderungen und Beschwerden. Das wirkt sich nachhaltig negativ auf Ihre Zustellraten aus.

- **Ungültige Adressen anschreiben.**

Adressen können aus den verschiedensten Gründen ungültig werden. Diese anzuschreiben wird von Internetprovidern negativ gewertet. Gute E-Mail-Marketingsysteme garantieren, dass ungültige Adressen von einem Versand ausgeschlossen bleiben, selbst nach einem Datenimport.

- **Ungeplant versenden.**

Versenden Sie nicht dann, wenn Ihnen gerade etwas Wichtiges einfällt, sondern geplant. Am besten in regelmäßigen Abständen und mindestens einmal pro Monat. Zu niedrige oder zu hohe Kontaktfrequenzen können bewirken, dass Ihre E-Mails den Spamstempel bekommen.

- **Adressen einkaufen.**

Eigene Adressverteiler aufzubauen dauert seine Zeit. Aber gerade im E-Mail-Marketing zählt nicht die Quantität, sondern die Qualität. Gekaufte Adressen haben hier meistens nur eine Wirkung: Sie kennen plötzlich viele neue Schimpfwörter und Anwälte.

Literatur

Inxmail GmbH / Bucher, Martin: „Zustellbarkeit“
www.inxmail.de/ceo-blog/zustellbarkeit

Inxmail GmbH / Bucher, Martin: „Woher kommen die Adressen für Ihre Werbemails?“
www.inxmail.de/ceo-blog/adressgewinnung

Inxmail GmbH / Bucher Martin, „Erfolgreich Abonnenten gewinnen“
www.inxmail.de/ceo-blog/anmeldeformulare

Mozilla / Add-ons für Thunderbird. „Abmelden von Mailinglisten 1.0.2“
https://addons.mozilla.org/de/thunderbird/addon/47013/

Ihre Notizen:

....

....

Christian Böhme
Patrick M. Wolff

Wie Sie mit Hilfe von Landing-Page-Optimierung die Effizienz Ihrer Website steigern

Eine Landing Page ist die Seite Ihrer Website, auf der Besucher „landen“, wenn sie über eine Suchergebnisseite oder einen Werbebanner auf Ihre Seite gelangen. Was Sie tun können, damit die Besucher auch auf Ihrer Seite bleiben, verraten Ihnen die 10 ganz konkreten Tipps in diesem Beitrag.

Die Autoren

Christian Böhme

Christian Böhme ist Spezialist für Suchmaschinen-Marketing und Website-Usability aus Leidenschaft. Sein beruflicher Schwerpunkt liegt bei Website-Beratung, Usability-Optimierung, Web-Analyse, Landing-Page-Tests, Eyetracking sowie in der ganzheitlichen Beratung und Umsetzung effizienter Werbekampagnen in Suchmaschinen.

Von Google ist er zertifiziert als Google Conversion Professional, Google Website Optimizer Authorized Consultant, Google Analytics Qualified Individual und Google AdWords Professional.

Christian Böhme ist Mitgründer und Geschäftsführer der e-wolff Consulting GmbH, die auf Beratungsleistungen und Schulungen zum Thema Conversion-Optimierung spezialisiert ist, sowie Geschäftsführer der e-wolff Marketing GmbH als klassische Onlinemarketing-Agentur.

Patrick M. Wolff

Patrick M. Wolff, geb. 1979, gründete 2001 noch während seines Studiums die e-wolff Consulting GmbH in einer Garage. Heute liegt seine jährliche Budgetverantwortung im zweistelligen Millionenbereich, und e-wolff beschäftigt 35 Online-Marketing-Spezialisten. Patrick M. Wolff gehört zu einem international ausgesuchten Kreis, der an Google-Veranstaltungen teilnehmen darf.

Wie Sie mit Landing-Page-Optimierung die Effizienz Ihrer Website steigern

Eine Landing Page, zu Deutsch Zielseite, ist die Seite Ihrer Website, auf der die Besucher „landen“, wenn sie zum Beispiel auf einen Werbebanner oder einen Link auf einer Suchergebnisseite klicken, oder auch wenn eine Offline-Kampagne eine bestimmte Zielseite bewirbt. Doch was macht eine gute Landing Page aus? Genau diese Frage möchten wir im folgenden Artikel mit Ihnen besprechen. So viel vorab: Gute Landing Pages fesseln ihre Besucher und unterstützen aktiv die Ziele Ihres Unternehmens.

Der Erfolg einer Online-Kampagne hängt zu einem großen Maß von der Landing Page ab.

Leider fehlt es in Deutschland den meisten Werbetreibenden „noch“ an Zeit und / oder Budget, um das Thema Landing-Page-Optimierung weiter auszubauen. Sehr oft fehlt einfach auch das Verständnis für die Wichtigkeit dieser einen Seite und ihren enormen Einfluss auf den Erfolg von Online-Kampagnen. Eine gute Online-Kampagne ist wie der Aufschlag beim Tennis: Ohne sie geht es online überhaupt nicht los und Sie verschaffen sich damit eine gute Ausgangsposition – in diesem Fall Besucher, die sich für Ihr Angebot interessieren. Ihre Landing Page, Ihre Website, Ihre Prozesse und Angebote entscheiden dann aber über Ihre Spielstärke und darüber, ob Sie am Ende den Punkt machen oder nicht. Mit der Landing-Page-Optimierung zeigen wir Ihnen, wie Sie ein druckvolles Spiel aufbauen und einfache Fehler vermeiden. So spielen Sie mit den Besten.

Erste Notizen:

....

....

1. Kleine Änderung, große Wirkung

Als Unternehmer und Werber stellen wir uns permanent die Frage: Können wir noch bessere Ergebnisse erzielen? Und was sind die Hebel, die maßgeblich für den Erfolg verantwortlich sind? Ein ganz wichtiger Faktor sind Landing Pages.

Aber wer entscheidet eigentlich, wie Ihre Website aussieht oder wie die Landing Pages gestaltet sind? Welche Informationen mit Überschriften, Bildern und Texten kommuniziert werden? Kleine und große Änderungen können einen Unterschied machen und Ihr Ergebnis sowohl positiv als auch negativ beeinflussen.

Ein Test zeigt, welche Variante erfolgreicher ist.

Hier ein kleines Beispiel, das Ihnen verdeutlicht, worum es geht. Über einen Webseiten-Test (siehe Tipp 9) testen wir, welche Formulierung besser bei den Besuchern ankommt. Das Ziel der Aktion ist, Besucher zu gewinnen, die einen Gutschein über dieses Aktionsfeld anfordern.

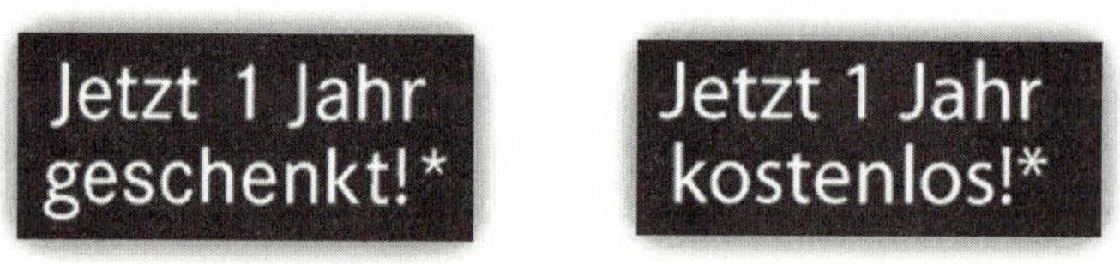

Im Testzeitraum wird entweder die eine oder die andere Variante des Aktionsfeldes auf der Landing Page zu gleichen Teilen eingeblendet. Mit der Formulierung „Jetzt 1 Jahr kostenlos" konnten wir 8,84 Prozent mehr Gutschein-Anforderungen erzeugen als mit der anderen und dies bei der gleichen Anzahl von Besuchern.

Erstaunlich ist, dass bereits so ein kleiner Unterschied – „nur ein Wort" – unterschiedliche Verhaltensweisen provozieren kann. Was kann man dann wohl mit größeren Veränderungen erreichen? Wenn Sie Ihre Besucher in die Gestaltung Ihrer Landing Page miteinbeziehen, nutzen Sie das Wissen Ihrer Besucher und verbessern Ihr Ergebnis.

2. Landing-Page-Optimierung in Zahlen

Investieren Sie Zeit und Geld in die Optimierung Ihrer Landing Pages und es wird sich für Sie auszahlen.

Eine gute Landing Page wirkt sich auf Ihren Umsatz aus.

Nehmen wir an, wir verkaufen diesen Artikel zum Thema „Landing-Page-Optimierung“ für zehn Euro als PDF über das Internet. Wir werben über AdWords mit einem Budget von 1.000 Euro pro Monat und bekommen dafür 5.000 Besucher. Wir können das PDF 125-mal pro Monat verkaufen und erzielen somit eine Conversion-Rate von 2,5 Prozent und einen Umsatz von 1.250 Euro. Unterm Strich bleiben uns 250 Euro Überschuss, hier Profit genannt, und ein Marketing-Return-on-Investment (ROI) von 25 Prozent. Wir möchten nun unseren Profit steigern und beleuchten zwei Alternativen: Entweder wir generieren mit den vorhandenen Besuchern mehr Verkäufe (mit Hilfe der Website-Optimierung) oder wir generieren mehr Besucher (mit Hilfe der Traffic-Akquise) und damit mehr Verkäufe.

	Ausgangslage	Website-Optimierung	Traffic-Akquise
AdWords Budget	1.000 €	1.000 €	1.200 €
Besucher	5.000	5.000	6.000
Conversions	125	150	150
Conversion Rate	2,50%	3,00%	2,50%
Ø Warenkorb	10 €	10 €	10 €
Umsatz	1.250 €	1.500 €	1.500 €
Marketing ROI (Return on Investment)	25%	50%	25%
Profit	250 €	500 €	300 €

Wie wir im Beispiel sehen können, verdoppelt sich der Profit bei einer Erhöhung der Conversion-Rate um 20 Prozent. Wir haben nicht mehr Werbekosten ausgegeben, haben aber trotzdem deutlich mehr Umsatz. Unser Marketing-ROI verbessert sich zu unseren Gunsten. Auch die Akquise neuer Besucher wirkt sich positiv auf unseren Profit aus, allerdings bleibt der Marketing-ROI gleich und der Mehrumsatz ist verhältnismäßig gering.

Oft konzentrieren wir uns nur darauf, Besucher auf unsere Website zu locken.

Sehr oft konzentrieren wir unsere Online-Anstrengungen allein auf die Traffic-Akquise, das heißt darauf, mehr Besucher auf unsere Website zu locken. Wir sind davon überzeugt, dass es ab einem bestimmten Niveau zwingend notwendig ist, den Fokus stark in Richtung Landing Pages und den kompletten Conversion-Prozess zu verschieben, um weitere Effizienzsteigerungen zu erzielen.

Klar muss auch hier in die Landing-Page-Optimierung investiert werden, doch sind dies oft einmalige Kosten. Von einer verbesserten Conversion-Rate profitieren wir damit aber fortlaufend.

In den folgenden Tipps stellen wir Ihnen ein Landing-Page-Kochrezept vor, mit dessen Hilfe auch Sie Ihre Landing Pages verbessern können.

3. Lernen Sie Ihre Besucher kennen

Ganz wichtig für Ihr Unternehmen ist, dass Sie Ihre Besucher verstehen. Welches Interesse haben diese und, daraus abgeleitet, welche Erwartungen haben Ihre Besucher an Ihre Landing Page (Webseite)?

Ihre Website sollte die Erwartungen der Besucher erfüllen.

Nur wenn die Erwartungen Ihrer Besucher mit dem Webseitenzweck übereinstimmen, können Sie einen Großteil der Besucher davon überzeugen, sich länger mit Ihrem Angebot zu beschäftigen.

Die Besucher beschäftigen sich mit den Fragen:

- Bin ich hier richtig?
- Entspricht die Seite meinen Erwartungen?
- Soll ich weiterklicken?

- Kann ich der Webseite trauen?
- Wie lange wird der Prozess dauern?

Finden Sie heraus, welche Ziele die Besucher Ihrer Website haben.

Teilen Sie Ihre Besucher in Besuchergruppen ein, zum Beispiel „Neukunden“ und „Bestandskunden“, und finden Sie heraus, welche Aufgaben oder Ziele diese Besuchergruppen haben, wenn sie auf Ihre Webseite kommen. Ein gutes Beispiel liefert hier die amerikanische Fluggesellschaft „Southwest“. Southwest hat die wichtigsten beiden Besuchergruppen identifiziert: 1. Besucher, die noch kein Ticket haben. 2. Besucher, die bereits ein Ticket haben. Besucher ohne Ticket möchten zum Großteil einfach nur einen Flug suchen und buchen. Darum der Aktionspunkt „Book A Flight“. Besucher, die bereits ein Ticket haben, haben zum Großteil drei Ziele auf der Webseite: „Online einchecken“, „Flugstatus prüfen“ oder „Flug umbuchen“. Alle drei Aktionen sind direkt im oberen Bereich der Webseite abgebildet. Die Besucher fühlen sich wohl und verstanden. Für 90 bis 95 Prozent aller Besucher ist die Webseite damit sehr einfach zu verstehen.

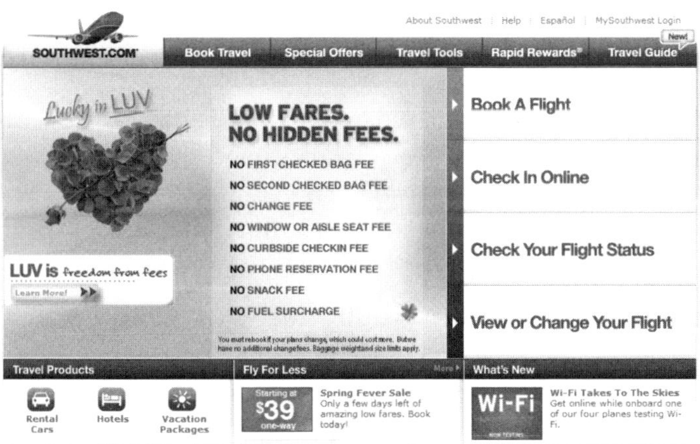

4. Zeigen Sie Ihrem Besucher, dass er richtig ist

Die Besucher Ihrer Webseite, Ihrer Landing Page, sind ungeduldig. Sie geben Ihnen nur wenig Zeit, sie davon zu überzeugen, dass Ihre Seite interessante Inhalte liefern kann. Die erste Entscheidung fällt in wenigen (null bis zwei) Sekunden.

Bilder und Überschriften stechen als Erstes ins Auge.

Die Landing Page wird zuerst mit dem Auge nach relevanten Informationen gescannt, bevor der Besucher entscheidet, die Seite länger anzusehen. Der Besucher fragt sich „Bin ich hier richtig?“ In den ersten Sekunden achten Besucher vor allem auf Bilder und Überschriften.

Wiederholen Sie noch einmal relevante Informationen, zeigen Sie Ihrem Besucher: „Hier bist du richtig!“

- Verstehen Sie die Erwartungen Ihrer Besucher.
- Platzieren Sie relevante Informationen in Überschriften, in Bildern und Grafiken sowie in Bildunterschriften.
- Zeigen Sie den Bezug zwischen Anzeige und Landing Page durch Wiederholen wichtiger Schlüsselbegriffe.

Aber: Auch bei guten Landing Pages verlieren Sie fast immer in den ersten zwei Sekunden bereits ca. fünf bis zehn Prozent aller Besucher.

5. Sagen Sie Ihrem Besucher, was er tun soll

Die meisten Besucher werden Sie jedoch innerhalb von zwei bis acht Sekunden verlieren. In dieser Zeit können Besucher bereits Überschriften und kurze Textpassagen lesen oder Aktionspunkte erfassen. Teilweise bis zu 50 Prozent Ihrer Besucher entscheiden – nach kurzem Scan –, dass Ihre Seite nicht interessant genug ist.

Der Informationsgehalt bestimmt sich auch daraus, ob Sie

in Ihrem Markt direkt etwas verkaufen können (kurze Texte – Bulletpoints mit Produktvorteilen) oder ob der Markt erst noch erzogen werden muss (längere informative und objektive Texte). Zeigen Sie Ihrem Besucher durch Aktionspunkte, welche Aktionen er als Nächstes ausführen kann, zum Beispiel „Katalog anfordern", „4 Wochen kostenlos testen", „weitere Informationen" und Ähnliches. Diese Handlungsaufforderungen sind entscheidend für Ihren Erfolg. Die Aktionspunkte müssen für den Besucher attraktiv sein und am besten genau das widerspiegeln, was er auch gerne machen würde. Sicherlich wird man nie allen Besuchern hundertprozentig gerecht. Konzentrieren Sie sich auf die Besuchergruppen, die für Sie einen hohen Einfluss auf Ihr Ergebnis haben.

„Zeigen Sie Ihrem Besucher durch Aktionspunkte, welche Aktionen er als Nächstes ausführen kann."

Informationen und Design-Elemente können hier einen großen Einfluss haben:

Text und Design-Elemente sollten die Ziele Ihrer Website unterstützen.

- Sind die Informationen relevant für den Besucher?
- Wie schnell können Informationen erfasst werden?
- Wie viel Text ist auf der Landing Page (weniger ist oft mehr)?
- Transportieren Bilder und Grafiken aktiv den Kundennutzen?
- Spiegeln Aktionspunkte auch das Interesse der Besucher wider?

6. Gewinnen Sie das Vertrauen Ihrer Besucher

Ihr Besucher weiß nun, was er bei Ihnen bekommt. Nun müssen Sie ihn noch davon überzeugen, dass er bei Ihnen und nicht bei einer anderen Website zugreift. Ihre Wettbewerber sind nur wenige Klicks und wenige Sekunden entfernt. Bauen Sie Vertrauen auf.

Referenzen, Kundenbewertungen oder Gütesiegel schaffen Vertrauen.

Vertrauen ist nichts Selbstverständliches, Sie müssen es sich erst verdienen. Setzen Sie alle Anstrengungen in die Aufgabe, ein Vertrauensverhältnis mit Ihren Besuchern aufzubauen. Tue Gutes und sprich darüber, besser noch: Lass andere darüber sprechen. Typische vertrauensbildende Maßnahmen auf Websites und Landing Pages sind Referenzen, Partner, Kundenbewertungen, Gütesiegel, Zeitungsartikel, Garantien, soziale Elemente, Marke (auch Markenprodukte) und einiges mehr. Produkte und Dienstleistungen sind oft vergleichbar und das Bauchgefühl entscheidet, welcher Anbieter den Vorzug bekommt. Arbeiten Sie also auf jeden Fall mit diesen Elementen auf Ihrer Landing Page.

Neben den eben genannten Elementen spielt natürlich noch eine Vielzahl weiterer, vielleicht etwas weniger offensichtlicher Faktoren eine Rolle. Wirkt Ihr Design positiv auf die Zielgruppe ein? Zeigen Sie, wer Sie sind, oder bleiben Sie auf Ihrer Webseite anonym? Wurden Sie vielleicht sogar empfohlen?

Zeigen Sie sich und Ihre Landing Page im besten Licht.

Eine bekannte und hier sehr zutreffende Marketingstrategie lautet „Act like lovers do". Putzen Sie sich und Ihre Landing Page heraus, zeigen Sie sich im besten Licht, beweisen Sie Selbstvertrauen und achten Sie auf Details. Zeigen Sie Ihren Besuchern, was Sie können, Sie haben nicht viel Zeit und zumeist nur eine Chance.

> Experten-Tipp: Um zu prüfen, ob Sie besser werden, achten Sie auch auf die Statistik „wiederkehrende Besucher" in Ihrem Webanalyse-Programm.

7. Tipps zur Gestaltung Ihrer Landing Page

Bei der Gestaltung Ihrer Landing Page sollten Sie die folgenden Punkte berücksichtigen:

- Konzentrieren Sie sich auf die wesentliche Botschaft Ihrer Landing Page und entfernen Sie unnötige Elemente.

Lenken Sie Ihre Besucher nicht ab, indem Sie andere Dienstleistungen anpreisen – damit verringern Sie die Conversion-Rate.

- In den meisten Fällen können Sie die Navigation entfernen, außer sie ist entscheidend für den Conversion-Prozess. Hat ein Link, auch in der Navigation, nichts mit dem Inhalt der Landing Page zu tun, dann entfernen Sie ihn.
- Schreiben Sie das Wichtigste zuerst und zeigen Sie diese Informationen oberhalb der Bildschirmunterkante.
- Sagen Sie Ihrem Besucher, was er tun soll. Geben Sie ihm dies mit klaren Aktionspunkten vor. Platzieren Sie diese Aktionspunkte oberhalb der Bildschirmunterkante und wiederholen Sie sie alle ein bis zwei „Bildschirmhöhen" im unteren Teil der Landing Page.

Aktionspunkte fordern den Besucher zum Handeln auf.

- Nutzen Sie Schriften und Farbe zu Ihrem Vorteil aus, um wichtige Informationen hervorzuheben. Setzen Sie gestalterische Highlights bei Aktionspunkten.
- Optimieren Sie Ihre Formularfelder. Halten Sie das Formular so kurz wie möglich und entfernen Sie alle Felder, die nicht unbedingt notwendig sind.

8. Verlassen Sie sich nicht nur auf Ihre Intuition

Bei der Gestaltung Ihrer Landing Page wirken unter Umständen viele Personen mit, zum Beispiel Marketing, Agentur, Designer, Programmierer, Texter, Partner und viele weitere. Alle mit dem einen Ziel, genau die Variation zu erarbeiten, die „am besten" funktionieren wird. Oft entscheidet aber dann doch am Ende nur eine Person.

Wir glauben, dass wohl kaum eine Person genau weiß, was die Besucher denn sehen möchten und worauf sie wohl am ehesten ansprechen werden. Das Schöne ist: Wir brauchen nicht länger herumzuraten und uns den Kopf zu zermartern, welche Version die Besucher nun am besten finden, sondern wir können unsere Besucher direkt entscheiden lassen. Ihre Besucher entscheiden, was am besten funktioniert, und das geht so:

9. Landing-Page-Tests

Beim Testen von Landing Pages und Webseiten gibt es zwei Testmethoden: den A/B-Test und den Multivariaten-Test.

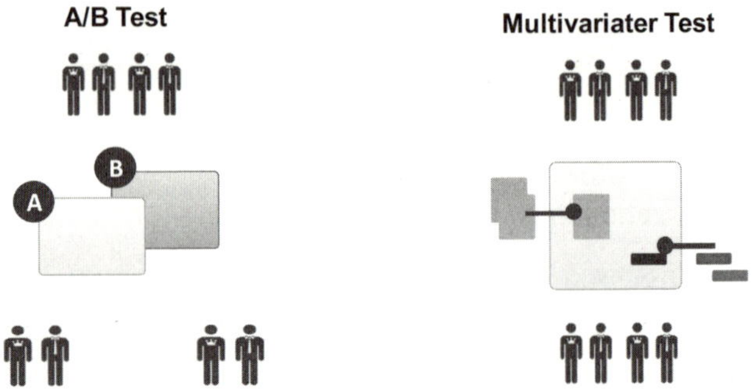

Simultanes Testen verschiedener **Varianten einer Seite**

Simultanes Testen von Kombinationen aus **Varianten verschiedener Seitenelemente**

Ein A/B-Test testet zwei oder mehr Versionen einer Landing Page gegeneinander.

Beim A/B-Test haben Sie die Möglichkeit, die Effektivität zweier oder mehrerer komplett unterschiedlicher Landing Pages zu testen. Jede Seite für sich kann nach den eigenen Vorstellungen gestaltet werden und die Seiten können dann gegeneinander getestet werden. Hierbei werden die Besucher nach dem Zufallsprinzip auf die unterschiedlichen Testseiten geleitet, und am Ende kann gemessen werden, welche Landing Page die höchste Conversion-Rate im Testzeitraum erzielt hat. Starten Sie zum Beispiel mit Ihrer aktuellen Landing Page als Originalseite und erstellen Sie ein bis zwei Varianten davon. Dies ist der einfachere Test, er funktioniert häufig auch für Webseiten, die nicht so viele Klicks bekommen.

Multivariate Tests auf der anderen Seite erlauben es, unterschiedliche Variationen von einzelnen Elementen auf einer Landing Page zu testen. Zum Beispiel möchten Sie ein Bild, eine Headline und einen Aktionsbutton auf Ihrer Seite testen und erstellen für diese Elemente eine oder mehrere Varianten. Der Besucher sieht dann im Testzeitraum Ihre Landing Page mit einer zufällig gewählten Kombination aus diesen Testelementen. Beim multivariaten Test entstehen schnell sehr viel mehr unterschiedliche Testkombinationen, deshalb erfordern diese Tests im Normalfall mehr Traffic als A/B-Tests.

Mit einem Multivariaten-Test können Sie unterschiedliche Versionen von einzelnen Elementen testen.

Experten-Tipp: Starten Sie mit einem einfachen A/B-Test. Achten Sie darauf, dass Sie mindestens fünf bis zehn Conversions pro Tag haben. Ob die Conversion ein Verkauf, eine Anfrage oder ein Klick auf eine weiterführende Seite ist, können Sie definieren. Zwei Wochen und mindestens 100 Conversions pro Testseite sollten die Tests schon laufen. Ihr Testing-Tool sagt Ihnen, wann Ihr Test erfolgreich beendet wurde und welche Variante die besseren Ergebnisse erzielt hat.

10. Testing-Tools

Es gibt bereits einige Testing-Tools am Markt, die sich in den Testmethoden nicht wesentlich unterscheiden.

Wichtig ist zu verstehen, dass ein erfolgreicher Test nicht abhängig ist vom Testing-Tool, sondern von der Testmethodik und den kreativen Ideen für das Testen. Es gibt kostenlose Tools, wie das „Google Website-Optimierungstool“, mit dem wir bei e-wolff die meisten Tests erfolgreich durchführen. Als Google WOAC (Website Optimizer Authorized Consultants) Agentur wurden wir als erste

Agentur aus Deutschland von Google für diesen Bereich zertifiziert. Trotzdem führen wir auch Tests mit anderen Tools durch, zumeist dann, wenn ein Webanalyse-Programm bereits Test-Funktionalitäten beinhaltet.

Hierzu gehören die Tools von „webtrekk", „econda Test Suite" oder auch „Omniture Test and Target".

Unerlässlich bei allen Tools: neue Codes auf der eigenen Website.

Bei allen Tools ist es unerlässlich, neue Codes auf der eigenen Website zu installieren. Achten Sie auf die richtige Implementierung, um die Testergebnisse nicht zu gefährden.

Eines der schönsten Erlebnisse im Online-Marketing ist es, nachweislich erfolgreich zu sein. Zeigen Sie, dass Ihre Ideen und Ihre Leistung sich positiv auf die Ergebnisse Ihres Unternehmens auswirken. Zögern Sie nicht und steigen Sie ein in die Welt des Testens. Holen Sie sich Ihre Belohnung durch erfolgreiches Testen.

Die 5 häufigsten Fehler

Die fünf häufigsten Fehler

- **Das Potenzial von Landing-Page-Optimierung wird nicht erkannt.**

Was Sie alles tun können, um Ihre Landing Page zu optimieren, haben Sie gerade erfahren. Wenn Sie die Tipps in diesem Beitrag umsetzen, können Sie sicherstellen, dass die Besucher Ihrer Landing Page die Seite nicht nur anklicken, sondern auch darauf verweilen.

- **Die Relevanz zwischen Anzeigentext und Anzeige ist nicht gegeben.**

Stößt ein Besucher über eine Suchmaschine oder einen Werbebanner auf Ihre Landing Page, so sollte unbedingt ein Zusammenhang zwischen der Suchanfrage oder dem Anzeigentext und Ihrer Landing Page bestehen. Nur so hat der Besucher das Gefühl: „Hier bin ich richtig!" und bleibt dann auch auf Ihrer Website.

- **Klare Handlungsaufforderungen fehlen.**

Der Besucher befindet sich auf Ihrer Landing Page – und nun? Welcher Schritt kommt als Nächstes? Geben Sie auf Ihrer Landing Page klare Handlungsaufforderungen – der Benutzer soll sich ja nicht nur informieren, sondern aktiv werden.

- **Die Landing Page ist unübersichtlich gestaltet.**

Sieht der Besucher auf Ihrer Landing Page den Wald vor lauter Bäumen nicht? Die Prinzipien der Usability gelten in besonderem Maße für Landing Pages: Auf einen Blick soll der Besucher erkennen, wo er gelandet ist, was er dort tun soll und dass er dem Anbieter der Seite vertrauen kann.

- **Es fehlen vertrauensbildende Maßnahmen.**

Mit einem Klick landet ein Besucher auf Ihrer Landing Page. Doch woher weiß er, wer hinter dieser Seite steckt und ob er diesem Anbieter auch vertrauen kann? Ihre Landing Page sollte daher immer vetrauensbildende Elemente enthalten, zum Beispiel Referenzen, Partner, Kundenbewertungen, Gütesiegel oder Zeitungsartikel.

Literatur

Google Conversion Room Blog:
http://conversionroom-de.blogspot.com

Website Boosting 2.0:
http://www.website-boosting.de/

Usability-Blog:
www.usabilityblog.de

Design-Tagebuch:
www.designtagebuch.de

Webanalyse-Blog von Avinash Kaushik (engl.):
http://www.kaushik.net/avinash/

Marketing Optimization Blog (engl.):
http://www.grokdotcom.com/

e-wolff-Blog:
http://www.fflow-wolff.de/

Themenfoto Landing Page-Optimierung:
© Thorsten Frisch – Fotolia.com

Ihre Notizen:
....

....

Uwe-Michael Sinn

10 Tipps für wirklich professionelles Mobile Marketing

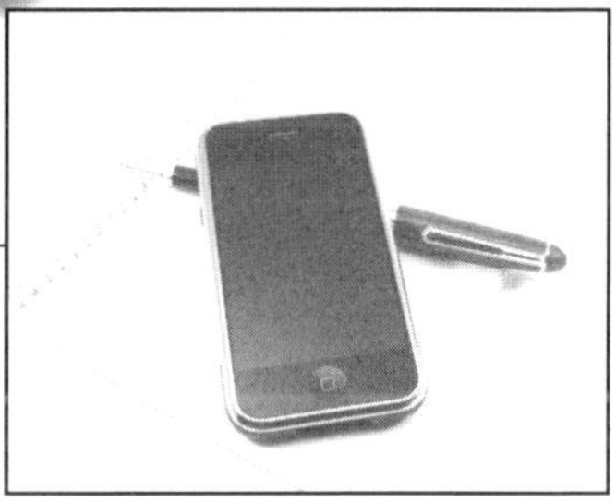

Mobile Marketing ist seit Jahren ein Thema, das immer wieder diskutiert wird. Bislang waren fast alle Ansätze erfolglos. Aber jetzt zeichnet sich der Durchbruch ab: „Schuld" sind die sogenannten Smartphones, die viel mehr sind als ein Telefon. Der Prototyp der Smartphones (aber bei Weitem nicht das einzige) ist das bekannte iPhone.

Der Autor

Uwe-Michael Sinn

Geschäftsführender Gesellschafter rabbit eMarketing Sinn von Graeve GmbH

Uwe-Michael Sinn beschäftigt sich seit 1999 mit dem Thema „digitaler Dialog", zunächst mit einem klaren Fokus auf das Thema E-Mail-Marketing. Er zählt damit zu den Pionieren auf diesem Gebiet. Er ist Geschäftsführer von rabbit eMarketing, einer der führenden deutschsprachigen Agenturen für digitalen Dialog. Zu den Kunden von rabbit eMarketing zählen über 200 Mittelständler, Organisationen und Konzerne in Deutschland, Europa und Nordamerika. Schon 2004 wurden von ihm und seinem Team die ersten Mobile-Marketing-Kampagnen konzipiert. Sinn ist Autor des rabbit eMarketing-Newsletters, eines der auflagenstärksten redaktionellen Newsletter zu digitalem Dialogmarketing in Deutschland. Daneben wurden bereits zahlreiche von ihm verfasste Beiträge zum Thema E-Mail-Marketing in diversen Fachbüchern und Zeitschriften veröffentlicht.

10 Tipps für wirklich professionelles Mobile Marketing

Kennen Sie noch WAP? Um die Jahrtausendwende war das der erste Versuch, Mobile Marketing zu etablieren – der Versuch ist grandios misslungen. Seit Jahren wird Mobile Marketing diskutiert – und das Einzige, das gut funktioniert hat, waren überteuerte Klingeltöne. Nicht gerade das, was man sich unter einem zukunftsweisenden Marketing-Ansatz vorstellt! Einen entsprechend schlechten Ruf hat das Thema Mobile Marketing/Commerce bei vielen Verantwortlichen daher auch heute noch. Doch der Schein trügt: Der Durchbruch ist da. „Schuld“ daran sind die sogenannten Smartphones wie das iPhone, letztlich Mini-Computer, mit denen man zufällig auch telefonieren kann.

In diesem Kapitel lesen Sie, wie Sie Mobile Marketing für sich und Ihr Unternehmen nutzen können. „Apps“ – kurz für Applikationen, Anwendungen – für das iPhone, aber auch für Geräte anderer Anbieter bilden dabei einen Schwerpunkt.

„Apps“ sind ein Schwerpunkt des Mobile Marketings.

Überprüfen Sie Ihre Strategie jedoch sehr selbstkritisch: Beim Mobile Marketing kommt es noch sehr viel stärker als zum Beispiel beim E-Mail-Marketing auf den Inhalt an. Ohne lesenswerte, relevante Informationen werden zum Beispiel Kampagnen, die location-based sind (also den aktuellen Standort mit in Betracht ziehen), erfolglos verpuffen. Auf der anderen Seite sind die Möglichkeiten von Mobile Marketing fast grenzenlos: Das Mobiltelefon ist unser ständiger Begleiter und DAS Fenster zur Welt. Wie Sie diese Chancen nutzen, lesen Sie auf den folgenden Seiten.

Beim Mobile Marketing kommt es sehr stark auf den Inhalt an.

1. Glauben Sie bitte nicht, dass das alles nur ein Hype ist!

Alle Welt redet zurzeit von iPhone-Apps. Man könnte versucht sein, zu sagen „Alles halb so wild, das geht vorbei – siehe ‚Second Life'". Das ist ganz sicher falsch.

Bald werden wir alle Arten von Informationen auf unserem Mobiltelefon abrufen.

Vermutlich ist die Konzentration der gesamten Aufmerksamkeit auf das iPhone ein Hype. Aber die Tatsache, dass wir alle in wenigen Jahren auf unseren Mobiltelefonen alle Arten von Informationen abrufen können werden (die wichtigsten Grundlagen sind dafür ja schon längst gelegt), ist eine Tatsache. Und das bedeutet, dass Unternehmen mit ihren Kunden auch dann kommunizieren und ihnen Angebote machen müssen, wenn diese nicht vor einem Rechner sitzen, sondern in der Straßenbahn.

2. Bieten Sie mobilen Mehrwert

Macht es Spaß, Texte auf einem Computerbildschirm zu lesen? Es geht so – aber ausgedruckt geht es leichter. Noch viel weniger Spaß macht es, Texte auf einem kleinen Smartphone-Bildschirm zu lesen. Es muss schon etwas geboten werden.

Welche Informationen werden vor allem unterwegs benötigt?

Natürlich ist es notwendig, Websites so zu optimieren, dass sie auf mobilen Endgeräten dargestellt werden können. Das iPhone versteht zum Beispiel keinen Flash, dies erfordert oft größere Umbauten an der Navigation. Aber es reicht nicht, Informationen, die viel leichter daheim nachzulesen sind, einfach nur ins Netz zu stellen. Welche Informationen werden vor allem unterwegs benötigt? Ein Beispiel: Hintergrund-Infos für Messen (welcher Stand, wie komme ich hin, was gibt es für Veranstaltungen, wann spricht welcher Redner) eignen sich hervorragend für die mobile Bereitstellung.

3. Investieren Sie in Apps

Apps sind kleine Software-Programme, die auf Smartphones laufen. Mit diesen Apps kann eine Vielzahl von Funktionen des Smartphones erst richtig genutzt werden.

Egal ob Sie Kochrezepte anbieten, die Abfrage von Informationen aus einem CRM-System ermöglichen oder die Eingabe des Strom- und Wasserverbrauches Ihrer Wohnung: Für fast alle Lebenslagen gibt es mittlerweile die richtige App. Mit welchen Zusatzinfos für seine Kunden kann Ihr Unternehmen punkten? Decken Sie Themen mit einem Alleinstellungsmerkmal ab, für das Sie besonders kompetent sind.

In welchem Bereich liegen Ihre Kompetenzen?

4. Denken Sie nicht nur an das iPhone!

Zurzeit reden alle vom iPhone und den iPhone-Apps. Aber es gibt auch noch Android von Google, Symbian, Windows Mobile 7 und weitere Plattformen.

Geschichte wiederholt sich vielleicht doch: Vor knapp 25 Jahren kämpften zwei Plattformen um die Vorherrschaft bei Personal Computern. Das Apple-Prinzip „Hard- und Software aus einer Hand“ gegen die IBM-PCs und „Kompatiblen“, die alle das Betriebssystem DOS (und später Windows) nutzen konnten. Eine Armada von Hardware-Herstellern bot sich einen Preiskampf. Ergebnis: Apple hat fünf bis zehn Prozent des Computermarktes, die PCs den großen Rest. Nur weil Apple gehypt wird, bedeutet das nicht, dass Sie alle Gedanken danach ausrichten sollten. Viel wahrscheinlicher ist, dass Googles offene Plattform Android, für die eine Vielzahl von Handy-Fabrikanten Produkte herstellt, an Apple vorbeiziehen wird.

Das iPhone wird zwar momentan gehypt, doch das heißt nicht, dass es langfristig den Markt beherrschen wird.

5. Das User-Interface ist entscheidend

Mobile Endgeräte sind maximal so groß wie eine geöffnete Handfläche. Gehen Sie also mit dem wenigen Platz sehr sorgsam um. Optimieren Sie Ihre Anwendung so, dass sie extrem leicht zu bedienen ist, sonst findet sie keine Akzeptanz.

Auf dem Display eines Smartphones ist nur wenig Platz – planen Sie daher sorgfältig.

Ein Smartphone ist wie eine kleine Wohnung: Sie haben wenig Platz – und entsprechend sorgfältig müssen Sie planen, damit alles hineinpasst. Die gute Nachricht: Viele andere haben sich schon Gedanken gemacht und es bilden sich langsam „Standards" heraus. Erfinden Sie das Rad nicht neu, sondern halten Sie sich an die Bedienlogik von beliebten Anwendungen. Für das iPhone bestehen detaillierte Richtlinien von Apple – halten Sie sich daran!

6. Apps müssen Spaß machen!

Nutzen Sie den „Wow-Effekt", den gut gemachte Applikationen auslösen. Vor allem eine ansprechende grafische Gestaltung wirkt Wunder. Ihre Applikation muss „iPhone-ig" sein.

Die grafische Gestaltung entscheidet, wie oft Apps benutzt werden.

Der „Kampf um die Aufmerksamkeit" wird künftig darüber ausgetragen, auf welcher Unterseite des Smartphones Ihre Applikation vom Nutzer abgelegt wird. Davon hängt ab, ob sie einmal benutzt wird oder ständig. Ein Beispiel: Es gibt eine iPhone-Applikation, mit der Kunden eines E-Mail-Dienstleisters wichtige Statistik-Daten unterwegs abrufen können. Der Clou dabei: Statt einer tabellarischen Darstellung wurde ein „cockpit-ähnliches" Design mit sich laufend bewegenden Tachos gewählt.

7. Nutzen Sie location-based Services – auf freiwilliger Basis

Das Lieblingsbeispiel vieler Marketer war immer: „Stellen Sie sich vor, Sie gehen durch eine Fußgängerzone. In der Nähe des Hamburger-Ladens werden Sie auf eine Sonderaktion aufmerksam gemacht und erhalten einen Gutschein."

Wollen Sie das? Vermutlich nicht. Location-based Services – also die Bereitstellung von Informationen und Diensten in Abhängigkeit vom Standort (per GPS ermittelt) – ist einer der größten Hebel für erfolgreiches (weil relevantes) Mobile Marketing. Aber die Wahrscheinlichkeit, dass User freiwillig permanent ihren Standort angeben, um Werbeinfos zu erhalten, ist gering. Die Lösung: den User entscheiden lassen. Ein gutes Beispiel dafür: www.foursquare.com. Hier kann der User freiwillig angeben, wo er sich gerade aufhält. So können seine Freunde erfahren, wo sie ihn finden. Außerdem erhält er Tipps zu Cafés, Restaurants und anderen interessanten Punkten in der näheren Umgebung.

Lassen Sie den User entscheiden, ob er seinen Standort preisgeben will.

8. „Normale" Werbeformen funktionieren nicht (oder anders)

Im Online-Marketing haben sich mittlerweile verschiedene Werbeformen etabliert: Suchmaschinen-Marketing und -Optimierung, Display (Banner etc.), Affiliate-Marketing und E-Mail-Marketing. Für Mobile Marketing muss man wieder fast bei null anfangen.

E-Mail-Marketing funktioniert auch mobil – nur kompakter. Für Affiliate-Marketing, also das bezahlte Weiterleiten spannender Leads, gibt es bereits interessante Geschäftsmodelle (siehe Tipp 9). Display-Advertising dürfte keine große Bedeutung erlangen, da viele Formen (zum Beispiel Flash-Banner) auf mobilen Geräten zumindest heute noch nicht funktionieren. Sicher ist, dass ortsbezogenes Suchen

E-Mail-Marketing funktioniert auch mobil, muss allerdings kompakter sein.

und die geographische Aussteuerung von Kampagnen einen sehr großen Anteil haben werden.

9. Machen Sie sich mit neuen mobilen Geschäftsmodellen vertraut

Wie oft haben Sie im Radio ein Lied gehört und gedacht „Wie heißt das noch gleich? Das ist gut!“ Dafür gibt es eine mobile Lösung (Shazam), die perfekt funktioniert und ihr Geld damit verdient, dass das erkannte Lied gleich zum Beispiel bei iTunes gekauft werden kann.

Die Trends im Mobile Marketing entwickeln sich rasant. Bleiben Sie am Ball!

Ein Geschäftsmodell wie das von Shazam wird im Mobile Commerce große Bedeutung erlangen: kein direkter Ertrag (zum Beispiel durch „pay per use“), aber Provisionszahlungen. Ein anderes Beispiel: In vielen Ländern Afrikas ist das Mobiltelefon zum Zahlungsmittel geworden (Mobile Payment). Überweisungen werden per SMS von einem Empfängerkonto auf das nächste transferiert, der Mobilfunkanbieter mutiert zur Bank. Bleiben Sie up to date mit diesen Trends, die noch sehr am Anfang sind, sich jedoch stürmisch entwickeln werden.

10. Optimieren Sie Ihre E-Mailings für mobile Endgeräte

E-Mail-Marketing ist weiterhin der wichtigste Push-Kanal. Und immer mehr E-Mails werden mobil gelesen. Deshalb müssen Sie optimieren, und zwar sowohl inhaltlich als auch optisch.

E-Mails werden nur überflogen. Halten Sie sie kurz!

Generell gilt: E-Mails werden nicht gelesen, sie werden überflogen. Das gilt noch viel mehr für Menschen, die unterwegs Mails lesen. Das bedeutet, dass werbliche E-Mailings noch kürzer werden und noch mehr auf den Punkt kommen müssen. Außerdem müssen Sie technisch sicherstellen, dass die E-Mailings auf mobilen Endgeräten korrekt dargestellt werden. Das funktioniert mit dem iPhone zum Beispiel ganz gut – mit den BlackBerrys dagegen ist es eher schwierig.

Zusammenfassung

Fazit: Mobile Marketing ist mehr als ein Hype. Mobile Marketing funktioniert auch anders als klassisches Marketing. Das haben Sie auf den vergangenen Seiten erfahren. Es lohnt sich daher, sich intensiv mit diesem Thema zu beschäftigen. Schließlich haben iPhone & Co. die Kommunikationsgewohnheiten Ihrer Kunden bereits heute nachhaltig verändert.

Diese Entwicklung wird mit zunehmender Leistungsfähigkeit der mobilen Endgeräte weiter anhalten. Nutzen Sie Mobile Marketing zum Vorteil Ihres Unternehmens und profitieren Sie von den Chancen, die sich dadurch für Sie ergeben. Der erste Schritt: Optimieren Sie Ihre Inhalte. Sorgen Sie dafür, dass etwa E-Mails, aber auch Webseiten sauber und vor allem gut lesbar dargestellt werden. Denken Sie in diesem Kontext daran, auch die Benutzeroberfläche an die Anforderungen mobiler Endgeräte anzupassen. Entwickeln Sie zudem eine Strategie für das professionelle Mobile Marketing in Ihrem Unternehmen. Der Mehrwert für Ihre Kunden sollte dabei immer im Mittelpunkt stehen. Nachdem Sie die Pflicht erledigt haben, steht die Kür an: Investieren Sie in eigene Apps, die Mehrwerte bieten und/oder Spaß machen. Nutzen Sie location-based Services und profitieren Sie von völlig neuen mobilen Geschäftsmodellen. Last, but not least: Mobile Marketing ist nicht nur eine temporäre Erscheinung, die eng mit dem iPhone verknüpft ist. Mobile Marketing gehört die Zukunft.

Die 5 häufigsten Fehler

Fünf häufige Fehler

- **Sie sind der Meinung, Strategie und Konzeption sind nur etwas für andere.**

Mobile Marketing funktioniert, wenn Inhalt, Mehrwert und Usability intelligent zusammenspielen. Ohne durchdachte Strategie und entsprechende Konzeption klappt dies nicht.

- **Unterschätzen Sie nicht die Dynamik des Mobile Marketings.**

Ihre Mobile-Marketing-Strategie funktioniert prima. Ihre Apps belegen Spitzenplätze in den Download-Charts. Kein Grund, sich entspannt zurückzulehnen. Bleiben Sie flexibel. Die Technik und auch der Markt entwickeln sich rasant.

- **Behalten Sie Ihre Kunden im Fokus.**

Apps sind hervorragend geeignet, um den eigenen Spieltrieb auszuleben. Das kann gut gehen – wenn Ihre Zielgruppe einen Mehrwert davon hat. Allgemein gilt jedoch: Behalten Sie die Wünsche Ihrer Kunden im Kopf. Im Mobile Marketing geht es um Nutzen für die Anwender – nicht um Spielereien. Spaß darf natürlich dennoch sein.

- **Denken Sie nicht nur an das iPhone.**

Das iPhone mag gefühlt die Nummer 1 unter den Smartphones sein. Plattformen wie Googles Android, Symbian und Windows Mobile sollten Sie jedoch nicht vergessen – insbesondere mit Blick in die Zukunft.

- **Strategie ist wichtiger als Technik.**

Vermeiden Sie den Fehler, die Technik zu sehr in den Vordergrund zu schieben. Sie ist nur Mittel zum Zweck; die Marketing-Strategie dahinter ist entscheidend.

Themenfoto Mobile Marketing:
© mybaitshop – Fotolia.com

4

Im Ziel: Kontrolle und Kundenbindung

30 konkrete Tipps zur Nachbetreuung

Gerhard Fuchs
Maximilian Kleinsorgen

Total loyale Online-Kunden

Das Konzept des Total-Loyalty-Marketings begeistert seit Jahren Kunden, Mitarbeiter und Unternehmer. Wie es Ihnen auch online gelingt, total loyale Kunden zu gewinnen, zeigt Ihnen dieses Kapitel anhand von 10 konkreten Praxistipps.

Die Autoren

Gerhard Fuchs

Gerhard Fuchs, Diplom-Kaufmann, hat seine 30-jährige Erfahrung aus Dienstleistung, Marketing und Verkauf in sein Konzept des Total-Loyalty-Marketings einfließen lassen und widmet sich ganz dessen praktischer Umsetzung. Mit seiner „fuchs Unternehmensberatung + Seminare + Managementtraining" entwickelt er seit fast 20 Jahren Konzepte, wie Kunden und Vertriebspartner vom Erstkontakt bis hin zum Empfehler begeistert werden können. Seine Kreativ-Agentur „die fuechse Gesellschaft für Marketing + Kommunikation + Medien mbH" setzt diese Konzepte in treffsichere Maßnahmen und Kampagnen um. In Vorträgen, Trainings und Workshops motiviert er Mitarbeiter und Führungskräfte, Loyalitäts-Prozesse aktiv voranzutreiben.

Maximilian Kleinsorgen

Maximilian Kleinsorgen, Diplom-Kaufmann, studierte BWL mit Schwerpunkt Marketing und Innovationsmanagement. Im Rahmen des Centers für Digital Technologies und Management war er Stipendiat am Massachusetts Institute of Technology (MIT) und an der Harvard Business School (HBS) in Boston, USA. Als übergreifender Projektleiter bei der fuchs Unternehmensberatung und bei „den fuechsen" koordiniert er Strategie- und Kreativteams und führt sie zu integrativen Lösungen. Als Electronic-Marketing-Fachwirt (BAW) ist er auch Anwendungs-Spezialist für die technologischen Komponenten des Total-Loyalty-Marketings.

Totale Kundenloyalität – auch online

„Loyalität" und „online", sind das nicht zwei Begriffe, die sich zu widersprechen scheinen? Ja, wenn jeder Wettbewerber nur den ominösen Klick entfernt ist, dann stellt die Erzeugung von Kundenloyalität eine besondere Herausforderung dar. Wenn Sie auch im Internet total loyale Kunden finden und behalten wollen, dann müssen Sie deren Erwartungen nicht nur voll erfüllen, sondern deutlich übertreffen. Und eine Prise freudige Überraschung würzt die Beziehung zusätzlich.

Wer im Internet loyale Kunden finden und behalten möchte, muss ihre Erwartungen übertreffen.

Das Konzept des Total-Loyalty-Marketings stellt Ihnen dafür einen Werkzeugkasten und einen schlüssigen Loyalitätsbauplan zur Verfügung. Mit dem Kaufprozess und der Kommunikation haben wir die zwei wirkungsvollsten Instrumente für Ihre Online-Marketing-Attacke herausgegriffen, mit denen Sie schon morgen loyale Online-Kunden gewinnen können.

Die ungeraden Tipps (1, 3, 5, 7, 9) zeigen Ihnen, wie Sie den Kaufprozess entlang der Loyalitätstreppe der Kunden vom Interessenten über den Erst- und Wiederkäufer bis hin zum Stammkunden und Empfehler so gestalten können, dass der Kunde auf jeder Loyalitätsstufe Spaß am Kaufen und an Ihrem Unternehmen hat. Denn jemand, der zum ersten Mal kauft, erwartet anderes von Ihnen als Ihr Stammkunde.

Die geraden Tipps (2, 4, 6, 8, 10) zeigen Ihnen, wie sich beim Loyalitäts-Klettern Stufe für Stufe sowohl der Dialog mit dem Kunden als auch die Tonalität der Kundenansprache ändern sollte – unabhängig davon, wie der Kaufprozess im Detail abläuft.

Dennoch möchten wir hier ein großes ABER stehen lassen. Die freudvollsten Kaufprozesse und die begeisterndste Kommunikation nützen nichts, wenn Preis und Leistung nicht zusammenpassen. Sind Sie an diesem Punkt gut aufgestellt, so steht den total loyalen Online-Kunden nichts mehr im Weg.

Preis und Leistung müssen immer zusammenpassen!

1. Machen Sie die Informationssuche für Ihre Interessenten einfach

Die Online-Welt ist ein Dschungel. Im Dickicht der Informationen geht die Relevanz für den künftigen Kunden schnell verloren.

Ein Produkt oder eine Dienstleistung erst einmal zu „googeln" ist heute selbstverständlich.

Unabhängig davon, ob Sie Ihre Leistungen unmittelbar online verkaufen oder ein klassisches Ladengeschäft haben und „online" nur als Informationsmedium nutzen: Bevor ein Produkt oder eine Dienstleistung gekauft werden, gehört es für viele gewerbliche und private Konsumenten zum guten Ton, „mal schnell zu googeln", was es bei wem gibt und wie viel es dort kostet. Vergleichs- und Preisportale schaffen zusätzlich Transparenz zwischen den verschiedenen Anbietern.

Ein Interessent, der zum ersten Mal auf Ihre Website kommt – zum Beispiel durch Ihre erfolgreiche Online-Kampagne – sucht vor allem eines: sachliche Informationen. Er kennt Sie nicht, Sie kennen ihn nicht. Entsprechend gering sind seine emotionalen Ansprüche auf dieser Loyalitätsstufe (siehe Abbildung).

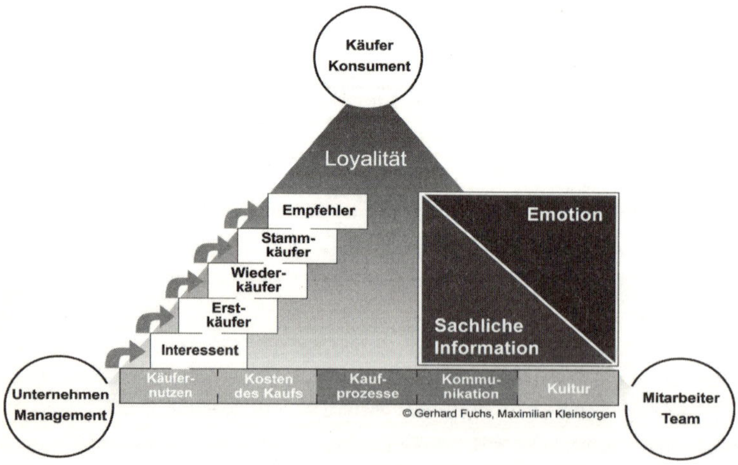

Welche sachlichen Fakten der Interessent sucht, hängt auch davon ab, um welches Produkt oder um welche Dienstleistung es sich handelt. Allein die gesetzlichen Bestimmungen bieten hier schon einen guten Anhaltspunkt, nur sollten die Links zu den Informationen auch klar und leicht auffindbar, das heißt über eine schlüssige und intuitive Navigation erreichbar sein. Hier eine kurze Liste von Punkten, die Sie nicht vergessen sollten:

- Verfügbarkeit, Lieferzeit und Versandkosten von Produkten
- Zahlungsbedingungen, Konditionen und AGB
- Adresse, Adressen von Filialen, Impressum
- Link zu Kontakt und Rückrufformular
- Eine Liste mit Namen, Telefonnummern, E-Mail-Adressen und Foto der Ansprechpartner
- Öffnungszeiten
- Datenschutzbestimmungen

Erschließen Sie Ihrem Interessenten alle Informationen, die er zur Lösung seines „Problems" sucht – er wird Ihnen dafür dankbar sein. Aber eines ist unabdingbar: Sie müssen ihm die Frage beantworten, warum er gerade bei Ihnen kaufen soll! Zu diesem Zweck haben Sie vorher hoffentlich Ihre Marketingstrategie entwickelt und Ihren unterschiedlichen Zielgruppen den passenden Nutzen und USP zugeordnet.

Sagen Sie dem Kunden, warum er gerade bei Ihnen kaufen soll.

2. Bestärken Sie Informations- und Kauf-Interessenten

Bereiten Sie den Interessenten aktiv auf seinen ersten Kauf vor und geben Sie ihm die richtigen Informationen mit auf den Weg.

Bei teuren oder komplexen Gütern, wie zum Beispiel einem hochwertigen Rennrad oder einer Versicherung, ist der Kunde in spe zunächst auf Informationssuche. Ziel muss es sein, dass der Informationsinteressent auf möglichst wenig anderen Plattformen die gewünschten Informationen suchen muss. Deshalb sollten Sie diesem Kunden auch ein vollständiges Informationsangebot bieten, bei dem nicht sofort zum Kauf „gedrängt" wird.

Bieten Sie den Kunden ein vollständiges Informationsangebot.

Dies können Newsletter sein, spezielle Downloads oder auch klassische Broschüren. Wenn es Ihnen an dieser Stelle gelingt, einen Dialog aufzubauen, dann haben Sie beste

Bauen Sie einen Dialog mit dem Interessenten auf, damit er zum Käufer werden kann.

Chancen, aus dem Informationsinteressenten auch einen Kauf-Interessenten zu machen. (Bei einfachen Produkten kann diese Informationsphase sehr kurz sein oder ganz übersprungen werden.)

Wenn Sie eine für Ihr Online-Marketing relevante Liste der sachlichen Informationen erstellt haben, geht es darum, diese Informationen kundenfreundlich und nicht nur technisch aufzubereiten. Achten Sie bei den Inhalten auf möglichst einfache und verständliche Formulierungen.

Damit er mit dem Kaufprozess beginnt, braucht es für Ihren Kauf-Interessenten nun zusätzliche Kaufimpulse, die über das eigentliche Produkt hinausgehen. Hier sind Zertifikate, Garantien und vor allem Empfehlungen von Dritten wichtig. Heute wird der Expertenrat oft durch eine Vielzahl von Amateurmeinungen, das heißt von Aussagen echter Konsumenten, ersetzt (zum Beispiel Tripadvisor oder Holidaycheck in der Touristik). Wenn Sie Kunden dazu animieren konnten, Sie zu empfehlen (siehe Tipp 9 und 10), geben Sie diese Information auch ganz prominent auf der eigenen Website an die Interessenten weiter.

„Machen Sie es den Kunden einfach - inhaltlich und sprachlich."

Und nicht vergessen: Machen Sie es den Kunden einfach – inhaltlich und sprachlich.

3. Sagen Sie Ihren Erstkäufern, was Sie tun

Mit dem Entschluss zum Kauf hat Ihnen der Kunde einen Vertrauensvorschuss gegeben. Jetzt ist es Ihre Aufgabe, das geschenkte Vertrauen durch Taten zu bestätigen.

Nach langem Ringen oder kurz entschlossen hat sich der Erstkäufer zum ersten Mal für Sie entschieden. Er hat Ja gesagt zu Ihrem Angebot. Doch schon stellt sich Kaufreue ein und er fragt sich: Wird es klappen? Habe ich das richtige Produkt gewählt? Funktioniert die Zahlung? Ist das alles sicher? Kommt alles pünktlich und unversehrt an? Was, wenn mir das Produkt nicht gefällt oder passt? Wird ein Umtausch problemlos über die Bühne gehen?

Beim ersten Kauf bei einem neuen Anbieter ist den Kunden die Sicherheit besonders wichtig.

Gerade beim ersten Kauf bei einem Anbieter hat der Kunde ein erhöhtes Sicherheits- und Informationsbedürfnis. Deshalb ist es wichtig, den Erstkunden möglichst zeitnah über die nächsten Schritte auf dem Laufenden zu halten. Welche das sind, hängt natürlich von Ihrem Geschäftsmodell und Ihrem Marketing ab.

Mögliche Chancen für einen Kontakt zum Kunden

- Bestätigung des Auftragseingangs
- Bestätigung für ein eingerichtetes Kundenkonto
- Information über die Lieferbarkeit
- Information über den voraussichtlichen Versandtermin
- „Zahlung erhalten"-Mitteilung
- „Rückfrage wegen Zahlung"
- Mitteilung über Versand
- Lieferschein und Rechnung

Speisen Sie Erstkunden nicht mit Standardtexten ab.

Die meisten Standardsoftwareprodukte (Shopsoftware, Newsletter-Engines, ERP- und Warenwirtschaftssysteme) bieten zu diesen und weiteren Vorfällen schon Vorlagen an. Gerade beim Erstkunden ist hier oft erheblicher Anpassungsbedarf gegeben. Sie wollen sich schließlich vom „Durchschnitt" abheben, und das geht nicht mit den Standardtexten. Geben Sie Ihrem Erstkunden ein gutes Gefühl mit auf den Weg und bestätigen Sie ihn in seiner Entscheidung, den richtigen Partner gefunden zu haben.

4. Schlagen Sie erste persönliche Brücken zum Erstkäufer – rufen Sie an

Die meisten Online-Käufe laufen ohne Zwischenfälle und in weiten Teilen automatisiert ab. Aus Loyalitäts-

sicht ist dies eigentlich schade, denn eine besondere Bindung kommt so nicht zustande. Hier gilt es gegenzusteuern.

Stellen Sie sich vor: Ihr Erstkäufer hat bei Ihnen einen problemfreien ersten Kauf getätigt, alles ist wie am Schnürchen abgelaufen. Dann müssten doch eigentlich alle zufrieden sein, oder? Stimmt – aber „zufrieden" ist Note 3! Wenn Sie mit Online-Loyalitäts-Marketing total loyale Kunden generieren wollen, brauchen wir vom Kunden ein „gut" oder „sehr gut".

Holen Sie Feedback bei Ihren Kunden ein: per E-Mail, Fragebogen oder mit einem Anruf.

Deshalb gilt es schon beim ersten Kauf eine kommunikative Brücke zum Kunden zu schlagen. Bei kleineren oder weniger emotionalen Produkten kann dies zum Beispiel mit einer „Sind Sie zufrieden?"-E-Mail und einem kurzen Fragebogen erfolgen. Bei wertvolleren oder emotionalen Produkten wie unserem Rennrad aus Tipp 2 können Sie sich auch mehr trauen. Rufen Sie Ihren Erstkäufer an und nehmen Sie Bezug auf „seinen ersten Kauf" bei Ihnen. Fragen Sie Ihn, ob alles nach seinen Wünschen und Vorstellungen geklappt hat, ob er von den Produkten oder Leistungen begeistert ist. Natürlich werden einige Kunden verdutzt reagieren. Mit Charme und Einfühlungsvermögen bietet dieser erste persönliche Kontakt die Basis für den nächsten Kauf.

Dieser proaktive Kontakt bietet Ihnen zudem die Möglichkeit, Qualitätsmängel, zum Beispiel im Versand, frühzeitig zu erkennen und die Beschwerdeschwelle sehr niedrig zu hängen. Denn solange der Kunde mit seiner Beschwerde zu Ihnen kommt, ist er (noch) nicht zum Wettbewerber abgewandert.

Denken Sie daran: Auch Ihre Wettbewerber können eine Bestellung ohne Fehler abwickeln. Werden Sie bei Ihren Erstkäufern aktiv und Sie bleiben positiv im Gedächtnis!

5. Begeistern Sie Wiederkäufer mit individuellen Überraschungen im Päckchen

Treue Kunden sind das Rückgrat des Erfolgs. Bedanken Sie sich für diese Treue mit einem „Ich hab an dich gedacht".

Er oder sie hat es wieder getan! Hoffentlich haben Sie es auch gemerkt, dass gerade ein Wiederkäufer bei Ihnen gekauft hat, sein Abonnement verlängert oder sich in einer anderen Art zum wiederholten Mal mit Ihnen eingelassen hat. Wie in einer zwischenmenschlichen Beziehung bedeutet auch im geschäftlichen Bereich ein wiederholter Kontakt, dass daraus „etwas Ernstes", eine dauerhafte (Geschäfts-)Beziehung werden kann. Offensichtlich waren die vorangegangenen Male für beide Seiten positiv: Preis und Leistung passten zusammen, das Vertrauen ist durch Ihren Kaufprozess und Ihre Kommunikation gewachsen.

Eine kleine Überraschung für den Kunden sorgt für eine persönliche Note.

Wie beim zweiten oder dritten Date ist für diese Treue auch beim Kunden eine kleine Aufmerksamkeit angebracht. Viele Unternehmen vertrauen dort auf eigene oder fremde Bonussysteme wie zum Beispiel Payback. Über die Vor- und Nachteile dieser Systeme wurden schon viele Bücher geschrieben. Wir empfehlen Ihnen an dieser Stelle eine direktere Vorgehensweise. Überraschen Sie mit einer persönlichen Kleinigkeit. Die Bandbreite dabei ist sehr groß, sie reicht von einer handgeschriebenen „Vielen Dank"-Karte über ein nettes Give-away bis hin zu einem Produkt aus dem Sortiment. Hier sind dem Einfallsreichtum keine Grenzen gesetzt, wichtig ist eine ganz klare persönliche Note und wenn irgend möglich ein Bezug zu den vorangegangenen Bestellungen.

Hat jemand letztes Mal ein Paar Bergschuhe bestellt, dann könnte bei der nächsten Lieferung ein Müsliriegel mit einem Hinweis „Damit Sie gestärkt Ihren nächsten Gipfel erreichen" beigelegt werden. Der Wareneinsatz ist dabei denkbar gering, das Porto für diese Sendung schon bezahlt, die Wirkung immens.

6. Die Wiederkäufer-Mischung aus sachlicher und emotionaler Kommunikation

Für eine loyalitätsfördernde Kommunikation wird ab der Stufe Wiederkäufer die emotionale Seite immer wichtiger.

Beim Interessenten und Erstkäufer steht die sachliche Information im Vordergrund, ein großes Maß an Emotion hätte dabei eher abschreckend gewirkt. Kommt der Kunde aber immer wieder, so wird er mehr und mehr emotionale Ansprache von Ihnen erwarten.

Benutzerprofile geben individuelle Kaufempfehlungen.

Technisch wird oft versucht, dies durch ein Benutzerprofil „Mein Konto" umzusetzen, was Verbundenheit und Nähe vermitteln soll. Dort wird man begrüßt und erhält Hinweise auf Produkte, die andere Kunden auch bestellt haben. Intensive Internetnutzer werden diese Funktion sicher schätzen und auch auf die Empfehlungen eingehen.

Doch zu Loyalität führt dies nur in sehr begrenztem Umfang, wenn die gesamte schriftliche Abwicklungskommunikation per (Standard-)E-Mail so sachlich bleibt, als würde Ihr Käufer gerade zum ersten Mal bei Ihnen kaufen. Kunden merken (sich) das und bleiben emotional auf Distanz. Der vertraute stationäre Händler würde das nie und nimmer tun. Er kennt seine Kunden und nutzt das Wissen aus den vergangenen Einkäufen für ein begeisterndes Einkaufserlebnis und individuelle Kommunikation.

Gestalten Sie die Kommunikation mit Ihren Kunden möglichst emotional.

Sie müssen das Gleiche für total loyale Online-Kunden tun. Machen Sie die Kommunikation mit Ihren Wiederkäufern emotional – schriftlich und persönlich. Es stimmt, die meisten Schriftstücke werden direkt aus Datenbanken generiert. Ein Eingreifen scheint nur schwer möglich, doch es wäre die Mühe wert. Es gibt keine Entschuldigung dafür, nicht im Nachhinein tätig zu werden. Peppen Sie die Standardkommunikation emotional auf. Ein handgeschriebenes Post-it auf dem Lieferschein oder eines mit Danke-Smiley auf der Rechnung. Dies signalisiert dem Wiederkäufer, dass Sie es gemerkt haben – so entwickelt sich Treue.

7. Loyalisieren Sie Stammkunden mit Privilegien

Was können Sie Ihren Stammkunden Gutes tun? Belohnen Sie ihre Treue mit Privilegien aller Art.

Stammkunden unterscheiden sich zu den Wiederkäufern dadurch, dass sie bestimmte Produkte oder Dienstleistungen immer nur beim gleichen Anbieter kaufen. Unter Loyalitätsgesichtspunkten ist dabei das Umsatzvolumen an sich eher zweitrangig, Hauptsache, der Bergschuh-Kunde aus Tipp 5 kauft alle seine Bergschuhe bei uns.

Anhand welcher Kriterien Sie Ihre Kunden in den Stammkundenstatus heben, ist unerheblich, Hauptsache ist: Sie belohnen sie. Die Mittel Ihrer Wahl sind Privilegien, die eben nur diese Stammkunden genießen. Durch diese Sonderbehandlung entsteht das gewünschte Gefühl der Exklusivität, das die Beziehung zwischen Ihrem Unternehmen und den Kunden weiter verstärkt. Diese Sonderbehandlung wirkt viel stärker als jeder Bonuspunkt, jede „sachliche“ Treueprämie oder jedes VIP-Kärtchen.

Stammkunden, die eine „Sonderbehandlung“ erhalten, fühlen sich Ihrem Unternehmen stärker verbunden.

Machen Sie Ihren Stammkunden im Dialog Informationen zugänglich, die sonst kein anderer Kunde hat. Dabei darf er ruhig wissen, dass es sich dabei um „exklusive“ Nachrichten nur für den begrenzten Kreis Ihrer Stammkunden handelt. Zu diesem Zeitpunkt darf natürlich noch nichts davon auf der offiziellen Website zu lesen sein.

Artverwandt, jedoch mit einem anderen Hintergrund, ist das Privileg „besonderer Angebote“ für Ihre Stammkunden. Dabei sollte es sich jedoch nicht um normale Preisaktionen handeln, sondern um Produkte oder Leistungen, die exklusiv oder limitiert sind. Der Schlüssel zum Erfolg dieser Aktion ist, das Besondere herauszuheben und dem Stammkunden klar seine Sonderstellung zu vermitteln.

Wann immer Sie mit einem Stammkunden zu tun haben, lassen Sie ihn die Sonderbehandlung spüren, die er auch verdient hat.

8. Begeistern Sie Stammkunden mit einem Event

Bei der Kommunikation mit Ihren Stammkunden ist eine große Portion Emotion gefragt, zum Beispiel mit einer speziellen Einladung zu einem Event.

Stellen Sie sich vor, Sie gehen zu Ihrem Stammfriseur oder Ihrer Stammfriseurin und sie würde sich so verhalten, als seien Sie zum ersten Mal da. Sie hätte all Ihre schon einmal geäußerten Wünsche und Vorlieben vergessen und könnte sich nicht mehr an den Small Talk erinnern. Wie würden Sie da reagieren? Begeistert? Entsetzt? Würden Sie dieses Verhalten akzeptieren oder würden Sie den Wechsel zu einem anderen Dienstleister in Betracht ziehen? Wahrscheinlich Letzteres.

Das Thema des Events sollte sich auf die Kaufhistorie des Kunden beziehen.

Deshalb braucht es für Stammkunden eine besonders emotionale Kommunikation. Eine Möglichkeit dafür sind spezielle Events. Auch dabei gilt, dass der Event thematisch möglichst nahe an der Kaufhistorie der Kunden liegen sollte.

Nehmen wir noch einmal das Beispiel unseres Schuhkäufers. Dieser Kunde hat offensichtlich Interesse an Bergwanderungen. Diesen Kundenkreis kann man zur European Outdoor Film Tour (EOFT) einladen, einer jährlich stattfindenden, deutschlandweiten Eventserie. Da sie in vielen größeren Städten gastiert, kann jeder Kunde zu der am nächsten liegenden Veranstaltung kommen. Sie können ihn dort persönlich betreuen, müssen aber nicht – dieses Instrument funktioniert sogar beim reinen Online-Geschäft und ohne großen Aufwand.

Haben Sie hingegen ein klassisches Ladengeschäft und nutzen online als Kommunikations- oder zusätzliches Vertriebsinstrument, so laden Sie Ihre Kunden zu einem Event in Ihrem Geschäft ein. Nun haben Sie die gesamte Organisation im Griff und können sicherstellen, dass alle Ihre Stammkunden auch entsprechend betreut werden.

Die Bilder und Impressionen bekommen natürlich auch die „Nicht-da-Gewesenen“ online präsentiert ...

9. Finden Sie heraus, was Ihre Kunden empfehlen

Ihre wohl besten Verkäufer und Ihr bestes Instrument im Online-Marketing sind Ihre Empfehler. Denn die kennen Ihre wahren USPs!

Beobachten Sie Bewertungsplattformen und erfahren Sie so, welchen Ruf Ihr Unternehmen hat.

In keinem anderen Bereich sind die Chancen für umfangreiches und erfolgversprechendes Empfehlungsmarketing besser als in der Online-Welt. Für fast jede Branche gibt es themenbezogene Bewertungsplattformen, auf denen sich die Konsumenten munter über ihre Erfahrungen mit Produkten, Händlern und Dienstleistern austauschen. Es gibt professionelle Anbieter von standardisierten Tests und es gibt themenübergreifende Bewertungsmöglichkeiten wie zum Beispiel auf den meisten Preisvergleichswebsites – alles und jeder wird irgendwie und irgendwo bewertet. In kleinerem Umfang gibt es das auch offline, der zentrale Unterschied ist jedoch, dass über Suchmaschinen die Bewertungen über Ihr Unternehmen oder Ihre Produkte und Leistungen transparent werden. Die negative Meinung eines Einzelnen kann so erhebliche Tragweite bekommen. Für loyalitätsorientiertes Online-Marketing bedeutet das:

- Suchen Sie die Plattformen, in denen Sie bewertet werden.
- Fragen Sie Ihre Kunden, über welche Bewertungsportale Sie zu Ihnen gekommen sind.
- Monitoren Sie die wichtigsten Plattformen permanent.
- Bedanken Sie sich bei Ihren Befürwortern.
- Versuchen Sie direkten Kontakt zu denen aufzunehmen, die nicht zufrieden sind.

Über diese fünf Schritte sind Sie im Bilde, was über Sie im Internet gesagt wird, und Sie haben die Möglichkeit, darauf zu reagieren. Unterstützen und loben Sie Ihre Fans und versuchen Sie, Enttäuschte zumindest auf eine neutrale Position zu bringen. Und die notorischen Nörgler – die, die nie und mit nichts zufrieden sind? Setzen Sie die auf die Blacklist und machen Sie mit diesen Menschen keine Geschäfte.

10. Bedanken Sie sich beim Empfehler

„Undank ist der Welten Lohn“ heißt es. Hoffentlich nicht bei Ihnen und denen, die Sie empfehlen.

Im Tipp 9 haben Sie gerade erfahren, wie Sie Ihren Empfehlern auf die Spur kommen. Nun ist es an der Zeit, sich auch über die Kommunikation mit dem Empfehler Gedanken zu machen. Unser zehnter Tipp: Zeigen Sie offen und klar Ihre Dankbarkeit. Jemand, der sich öffentlich für Sie ausspricht, der seine eigene Reputation für Sie riskiert, der hat es auch verdient, besonders behandelt zu werden.

Loyalität lässt sich nicht kaufen – seien Sie daher vorsichtig mit Geschenken.

Wenn Sie einen Empfehler identifiziert haben, lassen Sie ihm ein besonderes „Danke“ zukommen. Seien Sie dabei jedoch mit Geschenken vorsichtig, es darf auf keinen Fall der Eindruck einer Bestechung geweckt werden. Denn Loyalität kann man sich nicht kaufen! Sie müssen sich diese besondere Treue (v)erdienen. Eine „Kleinigkeit“ ist in den meisten Fällen durchaus denkbar, wichtig ist jedoch die begleitende Kommunikation. Hier sind Individualität und ein klarer Bezug zur Empfehlung Trumpf. Auch wenn man Sie gerade nicht weiterempfohlen hat (oder Sie es mal wieder nicht bemerkt haben), ist für Ihre Empfehler fürsorglichste Behandlung angebracht. Nehmen Sie persönliche Anlässe wie Geburtstag oder den Tag der ersten Bestellung zum Anlass und bedanken Sie sich. Aber bitte nicht mit einem 08/15-Standardtext. Die Gruppe der Empfehler können Sie auch für Pilotprojekte oder als Umfragegruppe heranziehen. Im privaten Bereich würden Sie ja auch Ihre besten Freunde um Rat fragen. Und schließlich: Sorgen Sie mit tollen Produkten und Dienstleistungen, vor allem aber mit begeisternden Kaufprozessen und loyalisierender Kommunikation dafür, dass Ihre Empfehler tolle Geschichten über Sie erzählen können: „Da habe ich doch neulich im Internet …“

Die beste Werbung: Empfehler, die tolle Geschichten über Sie erzählen ...

Zum Abschluss:

Unabhängig davon, ob Sie virtuelle oder reale Produkte online verkaufen oder das Internet dazu nutzen, über ein stationäres Ladengeschäft mehr zu verkaufen, denken Sie daran: Auch „online“ sind es immer noch Menschen, die bei Ihnen kaufen – mit den gleichen Bedürfnissen und Emotionen wie im „normalen" Leben. Nutzen Sie Bits und Bytes, um damit Ihre Kunden emotional zu erreichen. Gewinnen Sie einen Platz in ihren Herzen und werden Sie nicht nur ein Favorit oder ein Bookmark in den Untiefen eines Webbrowsers.

Gruppieren Sie dazu Ihre Kunden gemäß der Stufen der Loyalitätstreppe und vergegenwärtigen Sie sich die unterschiedlichen Bedürfnisse dieser Gruppen. Wenn Sie Ihre Aktivitäten so strukturieren, wird es Ihnen sicher gelingen, die Erwartungen Ihrer Kunden zu übertreffen. Und das nicht nur einmal, sondern immer und immer wieder.

Wenn Sie künftig total loyale Kunden für und mit Ihrem Online-Marketing gewinnen wollen, setzen Sie Ihr im Offline-Geschäft bewährtes Marketing weiter ein. Nehmen Sie konsequent die Sichtweise Ihrer Kunden an, dann wird es Ihnen leichtfallen, die folgenden Gefahren zu umschiffen.

Zusammenfassung

Die fünf häufigsten Fehler

Die 5 häufigsten Fehler

- **Ihr Kaufprozess und Ihre Kommunikation sind sachlich korrekt, aber nicht emotional genug.**

Viel zu oft ist der Fokus sehr sachlich. Dies ist bei Interessenten und Erstkäufern richtig. Damit diese aber loyal werden, braucht es Emotionen – in Wort, Schrift und Tat.

- **Vergessen Sie nicht die Erwartungen Ihrer Kunden.**

Wenn Sie Ihre Prozesse im besten Sinne routinisiert und optimiert haben, dann haben Sie die Grundlage für zufriedene Kunden geschaffen. Vergessen Sie aber nicht die Erwartungen Ihrer Kunden. Denn nur wenn Sie diese übertreffen, werden sie auch begeistert sein.

- **Scheren Sie nicht alle über einen Kamm.**

Die Automatisierung der Prozesse führt dazu, dass oft alle Kunden gleich behandelt werden, egal, auf welcher Loyalitätsstufe sie stehen. Brechen Sie diese „Standard"-Rituale und verhalten Sie sich Ihren treuen Kunden gegenüber loyal.

- **Vermeiden Sie den „Verkaufs-Ab-Schluss".**

Oft fühlt man sich als Kunde, als wäre man dem Verkäufer nach dem Kauf völlig egal. Doch mit der Bestellung endet die Beziehung nicht, sondern sie beginnt erst richtig. Tun Sie alles dafür, dass der Kunde auf eine lange Beziehung mit Ihnen Lust bekommt.

- **Langweilen Sie nicht Ihre Liebsten.**

Gerade bei den Stammkunden ist die Gefahr groß, dass sie gelangweilt werden. Immer die gleichen Angebote, ewig die gleichen Newsletter-Inhalte. Bringen Sie Abwechslung ins Spiel – und wenn nicht über die Produkte und Dienstleistungen, dann zumindest über Emotionen.

Literatur

Schüller, Anne / Fuchs, Gerhard / Kleinsorgen, Maximilian (2009): Total Loyalty Marketing. 5. Auflage. Wiesbaden: Gabler.

Themenfoto Kundenloyalität:
© Edyta Pawlowska – Fotolia.com

Harald Henn

10 ganz konkrete Tipps zum Social CRM

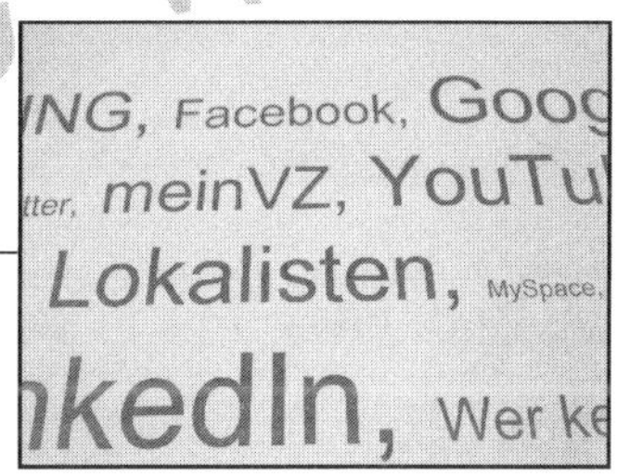

Mit Kunden kommunizieren, ihnen zuhören, sie verstehen und die Beziehung zu ihnen pflegen – das ist der Grundgedanke von Customer Relationship Management (CRM). Mit Twitter, Facebook oder XING hat sich die Medienlandschaft radikal verändert. Es ist entscheidend, dort präsent zu sein, wo Ihr Kunde ist. Mit Social CRM rücken Sie und Ihr Unternehmen wieder näher an die Kunden heran.

Der Autor

Harald Henn

Harald Henn, Geschäftsführer der Marketing Resultant GmbH in Mainz, optimiert Geschäftsprozesse in Vertrieb, Service und Marketing mit Lean-Management-Methoden und bietet Best Practice Beratung für Callcenter und CRM-Projekte.

Seine Erfahrungen basieren auf mehr als 15 Jahren Tätigkeit in leitenden Marketing- und Vertriebsfunktionen für amerikanische Unternehmen aus der IT-Branche. Zuletzt war er als Marketing-Leiter der Dell Computer GmbH für den erfolgreichen Markteintritt in Deutschland verantwortlich. Danach baute er als geschäftsführender Gesellschafter die PRISMA Unternehmensberatung zur führenden Callcenter-Beratung in Deutschland auf. Er ist Autor des „Handbuchs Callcenter Management", Koautor des Titels „CRM verstehen, nutzen, anwenden" und wirkt in Fachbeiräten und auf zahlreichen Veranstaltungen als Redner zu aktuellen Callcenter- und CRM-Themen mit.

10 ganz konkrete Tipps zum Social Customer Relationship Management (CRM)

Hier geht es um die erfolgreiche Nutzung einer der wichtigsten und am schnellsten wachsenden Internet-Anwendungen: Social CRM.

96 Prozent der Mittzwanziger gehören einem sozialen Netzwerk an. Social Media ist mittlerweile die führende Aktivität im Internet. Wenn man Facebook als Land klassifizieren würde, wäre es das viertgrößte der Erde. Beeindruckende Fakten, die belegen, welche Dynamik wir zurzeit bei Social CRM erleben.

Twitter, Facebook, Blogs, YouTube, XING: eine schier unendliche Vielfalt an Möglichkeiten. Um Social CRM professionell und effektiv zu gestalten, müssen Sie wissen, welche Möglichkeiten die verschiedenen Angebote bieten, wie Kunden diese Anwendungen nutzen und welche Erwartungen sie an die Kommunikation mit den Unternehmen haben. Bedenken Sie: Social CRM heißt Abschiednehmen vom klassischen Gedanken, Kommunikation kontrollieren zu wollen. Social CRM bedeutet partnerschaftliche Kommunikation mit Kunden auf Augenhöhe.

Social CRM ist eine völlig neue Form der Kommunikation mit dem Kunden.

Lesen Sie, wie Sie aus einer Strategie Schritt für Schritt Social-CRM-Anwendungen für Ihr Unternehmen nutzen – für bessere Kundenbeziehungen.

1. Legen Sie eine Strategie für Ihr Social CRM fest

Eine klare Strategie für Ihr Social CRM sorgt für den richtigen Rahmen im Unternehmen und bewahrt Sie davor, sich zu verzetteln. Klare Ziele sorgen für gute Ergebnisse.

Bei Social CRM geht es um den Dialog mit dem Kunden. Hören Sie Ihren Kunden zu.

Bei der Festlegung Ihrer Strategie beachten Sie immer, dass es bei Social CRM um Dialog mit den Kunden geht, nicht um Monolog. Ihre Ziele sollten also nicht nur darauf ausgerichtet sein, zu verkaufen und neue Produkte anzukündigen, sondern zuzuhören, von Kunden zu lernen, Anregungen aufzugreifen und die Beziehung zu festigen.

Nachfolgend einige Anregungen für Ihre Strategieüberlegungen:

- Positive Mund-zu-Mund-Propaganda erzeugen
- Loyalität und Kundenbindung steigern
- Anregungen zu Produktverbesserungen oder Serviceoptimierungen aufnehmen
- Die Qualität des Service gegenüber Kunden verbessern
- Marktforschungskosten reduzieren
- Bekanntheitsgrad steigern
- Frühwarnsystem für Krisen entwickeln

Messbare Ziele sollten Teil Ihrer Strategie sein.

Die Strategie sollte dabei auch messbare Ziele beinhalten. Nur was Sie messen, lässt sich analysieren, bewerten und verbessern. Social CRM ist Kommunikation pur. Die Ziele sollten also primär darauf ausgerichtet sein, die Effektivität Ihrer Social-CRM-Maßnahmen zu beurteilen.

Ziele können sein:

- Erhöhung der Opt-in-Bestätigungen
- Verbesserung Ihrer Position in den Suchmaschinen

- Generierung von Verkaufsanfragen
- Generierung von besonders treuen oder Fan-Kunden
- Erhöhung der Besucherzahlen auf Ihrer Internetseite
- Anzahl der Kundendialoge erhöhen
- Verbesserung Ihrer Kundenzufriedenheitswerte

2. Lernen Sie die Social-CRM-„Internet-Landschaft“ verstehen

Setzen Sie sich zunächst mit den diversen Anwendungen, Plattformen und Angeboten auseinander. Lernen Sie die grundlegenden Möglichkeiten und Vorzüge von Twitter, Facebook oder YouTube kennen und entwickeln Sie ein Verständnis für deren Nutzung.

Es gibt ein unendliches Angebot von Plattformen, Diensten und Möglichkeiten für Social CRM. Starten Sie deshalb mit einer kleinen Auswahl. Empfehlenswert sind Facebook, Twitter und YouTube – schon allein deshalb, weil sie zurzeit die Plattformen mit den höchsten Benutzerzahlen sind.

Entscheiden Sie sich für wenige, dafür aber große Plattformen mit einer hohen Zahl an Nutzern.

Kurzüberblick und Fakten:

- Facebook ist ein soziales Netzwerk mit mehr als 250 Millionen Nutzern. Personen oder Unternehmen können Facebook nutzen, um mit Freunden oder Kunden in Kontakt zu bleiben, Inhalte zu teilen, Gruppen mit gemeinsamen Interessen beizutreten oder zu kommunizieren.
- Twitter ist ein soziales Netzwerk, eine Art Mikronachrichten-Dienst, der es den Nutzern möglich macht, textbasierte Kurznachrichten mit bis zu 140 Zeichen an die „Follower“ – die Abonnenten eines Twitter-Autoren-Profils – zu senden. Twitter kann von Unternehmen genutzt werden, um sehr schnell Informationen an Kunden oder Interessenten zu verteilen oder Feedback vom Markt einzuholen.

- YouTube ist eine Internet-Plattform zum Anschauen, Hochladen und Herunterladen von Videos. Für Unternehmen sind zum Beispiel animierte PowerPoint-Präsentationen, Werbespots oder Interviews als Anwendungen denkbar.

3. Legen Sie Spielregeln für den Umgang und die Nutzung von Social CRM fest

Wenn Ihr Unternehmen eine Anzeige schaltet, einen Artikel veröffentlicht oder eine Pressekonferenz hält, dann wissen die Beteiligten in der Pressestelle oder im Marketing, an welche Richtlinien sie sich zu halten haben. Für Social CRM gilt dies erst recht.

Nach dem Absenden können Sie nicht mehr kontrollieren, wie sich Ihre Nachrichten verbreiten.

Social CRM ist Kommunikation in Echtzeit. Wie sich Ihre Nachrichten oder Kommentare verbreiten, lässt sich nach dem Absenden kaum kontrollieren. Umso wichtiger ist es, dass Sie in Ihrem Unternehmen klare und verbindliche Spielregeln festlegen.

- Legen Sie fest, wer Beiträge aus Ihrem Unternehmen verfassen und auf den Plattformen, in den Communitys oder Blogs veröffentlichen darf.
- Definieren Sie im Vorfeld, wie Ihre Antwortstrategie bei Fragen oder Kritik aussieht. Kunden, die Twitter oder Facebook nutzen, sind kurze Antwortzeiten gewohnt.
- Trainieren Sie Ihre Autoren. Der Schreibstil in Communitys ist anders als beim Verfassen einer Pressemitteilung. In Twitter haben Sie nur 140 Zeichen für eine Nachricht zur Verfügung. Mehr nicht.
- Legen Sie fest, was veröffentlicht wird und was nicht. Was Sie einmal als Text, Bild oder Video veröffentlicht haben, ist von den Suchmaschinen indexier- und auffindbar. Diese Informationen stehen dann auch Mitbewerbern zur Verfügung.

- Weisen Sie auf Copyright oder andere rechtliche Schutzmechanismen Ihrer Veröffentlichungen hin.
- Bewahren Sie alle Dinge, die Sie veröffentlichen, gut auf. Sie könnten irgendwann einmal gegen Sie verwendet werden.

4. Schreiben und veröffentlichen Sie planvoll

Agieren statt reagieren heißt die Devise. Gestalten Sie Ihre Strategie proaktiv mit den Themen, die Ihnen wichtig sind.

Die Versuchung, einfach einmal draufloszuschreiben, Inhalte in Facebook, auf Blogs oder in Communitys zu publizieren, ist groß. Und Themen und Aufhänger, auf die man etwas erwidern könnte, zu denen man Informationen hat, gibt es genug. Ganz schnell hat man sich verzettelt, den roten Faden verloren, und die Strategie gerät immer mehr ins Abseits.

Planen Sie im Voraus spezielle Tage ein, an denen Sie Ihre Inhalte organisieren und an denen Sie als Autor wirken wollen. Achten Sie darauf, dass die Konsistenz über alle Plattformen hinweg gewahrt bleibt. Kunden nutzen in der Regel mehrere Dienste und Plattformen.

„Planen Sie im Voraus spezielle Tage ein, an denen Sie Ihre Inhalte organisieren und als Autor wirken wollen.“

Social CRM ist kein zusätzlicher Vertriebskanal.

Den Fokus auf den Verkauf oder den Vertrieb der Produkte zu legen, ist verlockend. Widerstehen Sie dem Versuch, Social CRM als zusätzlichen Vertriebskanal zu missbrauchen. Starten Sie stattdessen Dialoge und beantworten Sie Fragen.

Offerieren Sie Inhalte oder Tipps. Geben Sie Hinweise auf Internetseiten, wo es weiterführende Informationen gibt oder wo sich Kunden Dokumente oder Beschreibungen herunterladen können.

Bleiben Sie dabei ehrlich und authentisch. Wenn Sie einen Fehler begangen haben, geben Sie es zu und danken Sie den Kunden für die Hinweise. Lügen haben im Internet meist noch viel kürzere Beine als im richtigen Leben.

5. Nutzen Sie Twitter richtig

Die wohl bekannteste Social-Media-Anwendung ist Twitter. Auf den ersten Blick sieht es ganz einfach aus: Texte mit maximal 140 Zeichen veröffentlichen kann doch jeder. Entdecken Sie die vielfältigen Möglichkeiten von Twitter.

Alles fängt bereits damit an, mit welchem Namen Sie Ihren Account, also Ihr Konto bei Twitter, eröffnen. Wählen Sie keine Kunstbegriffe oder sonstigen kreativen Einfälle, sondern zeigen Sie die Person Ihres Unternehmens oder das Unternehmen selbst.

Bei Twitter geht es um schnelle Kommunikation. Planen Sie hier genug Zeit ein.

Twitter ist ein Echtzeit-Medium. Fragen, Antworten, Kommentare werden oft im Minutentakt hin und her gespielt. Planen Sie daher genügend Zeit für Ihre Veröffentlichungen – Tweets – oder das Beantworten von Fragen ein.

„Wer keine Menschen liebt, sollte kein Geschäft gründen", sagt ein chinesisches Sprichwort. Das gilt erst recht für Twitter. Wenn Sie sich dabei wohl fühlen, mit Kunden, Partnern, Interessenten zu kommunizieren, den Dialog zu suchen, dann werden Sie viel Spaß mit diesem Instrument haben. Stoff für Tweets gibt es reichlich: aktuelles Wissen rund um Ihre Produkte, Neuigkeiten aus Ihrem Unternehmen, dem Markt oder von Ihren Kunden.

Twitter ist längst nicht mehr auf das Verbreiten von reinen Textnachrichten reduziert. Der Dienst hat sich in den letzten Monaten stark weiterentwickelt. Bilder (http://www.twitpic.com) und Videos lassen sich in Tweets integrieren. So lässt sich der Gehalt an Informationen noch besser aufbereiten und interessanter für Ihre Leser gestalten.

6. Das kleine Twitter-Einmaleins

Jede neue Entwicklung, jeder Trend schafft sich über kurz oder lang sein kleines eigenes Universum – bis hin zu einer eigenen Sprache und neuen Begriffen. So ist das auch mit Twitter.

Twitter hat sich eine eigene Sprache geschaffen – lernen Sie die wichtigsten Begriffe kennen.

Noch eine kleine Vorbemerkung. Twitter ist ein englischsprachiges Medium. Begriffe und Funktionen sind auch in der deutschen Version in englischer Sprache gehalten.

- **REPLY (@):** Üblicherweise sind Tweets an alle Personen adressiert, die Ihnen folgen: Ihre Follower. Mit der reply@-Funktion wird Ihr Tweet an eine bestimmte Person adressiert; gleichzeitig ist die Nachricht aber auch öffentlich und für alle sichtbar. Eine Nachricht könnte dann so aussehen: reply@HaraldHenn.

- **Retweets (RT):** Ein Teil des Erfolges von Twitter ist auf die Retweet-Funktion zurückzuführen. Wenn Sie zum Beispiel einen interessanten Tweet einer Person lesen, der Sie folgen, dann können Sie mit der RT-Funktion die ursprüngliche Nachricht an Ihre Follower weiterverteilen. Der ursprüngliche Absender wird für alle sichtbar.

- **Direct Message (D):** Direct Messages sind vergleichbar mit E-Mail. Sie sind eine Form der Kommunikation ausschließlich zwischen zwei Personen. Für alle anderen Personen ist der Dialog nicht sichtbar.

- **Hashtag (#):** Um ein bestimmtes Thema in Twitter zu finden oder zu sehen, wer sich damit beschäftigt und welche Tweets es dazu gibt, benötigt Twitter eine Möglichkeit der Kategorisierung und Suchfunktion. Genau das erreicht man mit Hashtags. Wenn Sie bei Ihren Tweets beispielsweise zum Thema Marketing das Symbol # vor das Wort Marketing setzen, wird es von Twitter indexierbar und auffindbar.

7. Bauen Sie eine Fangemeinde auf

Warum wollen Sie twittern oder Social CRM nutzen? Natürlich auch, weil Sie viele Kunden damit ansprechen möchten. Und dazu muss man wissen, wie man sich mit Social CRM eine möglichst große Fangemeinde aufbaut.

Lernen Sie die Grundgesetze des Social CRM kennen.

Bei Social-CRM-Diensten wie Twitter gibt es einige Grundgesetze, die man kennen sollte, um sich eine Fangemeinde aufzubauen.

- Starten Sie in Ihrer eigenen Organisation: Kollegen folgen anderen Kollegen und sorgen so für einen Schneeballeffekt.
- Folgen Sie Kunden, Lieferanten, Geschäftspartnern und Mitbewerbern.
- Veröffentlichen Sie regelmäßig, um im Gespräch und interessant zu bleiben.
- Zeigen Sie Wertschätzung gegenüber anderen Autoren in Twitter, in Blogs oder Communitys und verbreiten Sie deren Veröffentlichungen unter Nennung des Ursprungsautors weiter.
- Helfen und unterstützen Sie Kunden bei Fragen und Wünschen. Wer antwortet und hilft, wird weiterempfohlen und respektiert.
- Sagen Sie Danke. Wenn Ihnen jemand hilft mit einem Link oder einer Information, machen Sie es wie im richtigen Leben und bedanken Sie sich.
- Integrieren Sie Ihre Social-CRM-Dienste in eine übergeordnete Strategie. Vernetzen Sie die Dienste untereinander und kommunizieren Sie sie.
- Folgen Sie anderen Personen. Wer nur monologisieren will und Social CRM als ein weiteres Sprachrohr für Marketing-Botschaften versteht, muss sich nicht wundern, wenn er keine Fans und Zuhörer findet.

8. Die Gebrüder Grimm und Social CRM

Im Internet und im Social CRM gelten dieselben Regeln wie im richtigen Leben. Für unsere Kunden werden wir erst dann richtig interessant, wenn wir spannende Geschichten erzählen. So wie die Gebrüder Grimm.

Mit Fakten, Daten, Zahlen werden wir jeden Tag überrannt. Erzählen Sie lieber Geschichten. Machen Sie es spannend und abwechslungsreich für Ihre Follower. So heben Sie sich von der grauen Masse ab – und das ist bitter nötig bei Millionen von Tweets, die stündlich verfasst und gelesen werden wollen. Dazu ein paar konkrete Tipps:

Mit spannenden und abwechslungsreichen Geschichten heben Sie sich von der Konkurrenz ab.

- In der Kürze liegt die Würze. Kurz und knackig müssen die Informationen sein, wenn sie gelesen werden sollen. In Twitter haben Sie ohnehin nur 140 Zeichen für die Nachricht – da ist Kreativität gefragt.
- Erzählen Sie Ihre Geschichte überall. Wenn Sie etwas zu sagen haben, dann nutzen Sie alle Plattformen und Dienste parallel: Twitter, Facebook, Blogs, YouTube.
- Achten Sie auf Konsistenz in Ihren Aussagen. Über alle Plattformen und Dienste hinweg darf Ihre Botschaft nicht zu Irritationen durch verschiedene Tonalitäten oder gar Widersprüche in den Aussagen führen.
- Geben Sie Ihrem Unternehmen eine persönliche Note, einen persönlichen Anstrich. Zeigen Sie die Autoren Ihres Unternehmens mit Bild, Porträt und aussagekräftigen Profilangaben.
- Beziehen Sie die Zuhörer mit ein. Lassen Sie Ihre Kunden abstimmen, fordern Sie Kommentare, erbitten Sie Vorschläge. Social CRM ist eine interaktive Geschichte.

9. Social-CRM-Monitoring

Social CRM ist hochdynamisch, eine Echtzeit-Kommunikations-Maschine für Ihr Unternehmen. Bei der Vielzahl von Blogs und Communitys, die über Sie und Ihr Unternehmen reden, sind Trends, Meinungsänderungen oder aufkommende Kritik oft schwer zu erkennen. Spezielle Monitoring-Werkzeuge helfen, am Puls der Kunden zu bleiben.

Um den Erfolg Ihres Social CRM zu kontrollieren, steht Ihnen eine Reihe von Tools zur Verfügung.

Dazu gehören zum Beispiel die folgenden kostenfreien Software-/Serviceangebote:

- Google Analytics: http://www.google.com/intl/de_ALL/analytics/
- Twittersearch: http://search.twitter.com: Damit lassen sich Themen in Twitter auffinden.
- Google Trends: http://www.google.com/trends. Mit Google Trends erkennen Sie Tendenzen und Entwicklungen zu Themen und Begriffen.
- Technorati: http://technorati.com: Mit Technorati lässt sich die Blogsphäre überwachen.

Für große Unternehmen oder Unternehmen, die besonders aktiv im Social CRM sind, empfiehlt es sich, professionelle Werkzeuge einzusetzen, die in aller Regel kostenpflichtig sind.

- Techrigy: http://www.techrigy.com/ bietet einen guten Einstieg ins Monitoring und ist als Demo-Version kostenfrei erhältlich.
- Radian6: http://www.radian6.com ist eine komplette und professionelle Plattform für Social-Media-Monitoring.

10. Social CRM muss sich rechnen

Der Dialog mit Kunden ist für Unternehmen erfolgskritisch und durch nichts zu ersetzen. Besonders deshalb müssen die Aktivitäten im Social CRM gemessen und bewertet werden.

Der Return on Investment ist für Social CRM nicht mit den gleichen Maßstäben wie eine CRM-Kampagne oder eine Anzeigenschaltung zu beurteilen. Nachfolgend erhalten Sie einige Anregungen für Messkriterien, die Ihnen helfen, Ihr Social CRM wirtschaftlich zu gestalten.

Der Erfolg von CRM lässt sich nicht mit anderen Werbemaßnahmen vergleichen.

Finanzielle Messkriterien:

- Umsatz, Umsatzsteigerung
- Transaktionen
- eingelöste Coupons

Nichtfinanzielle Messkriterien:

- Anzahl der Besucher eines Blogs oder einer Community
- Anzahl regelmäßig wiederkehrender Besucher
- Anzahl der Follower (Twitter)
- Anzahl der über Ihr Unternehmen verbreiteten Nachrichten, Kommentare
- Anzahl Weiterempfehlungen, positive Mund-zu-Mund-Propaganda
- Anzahl der Fans
- Anzahl abgerufener Seiten, Dokumente, Videos

Zusammenfassung

Zum Schluss:

Social CRM ist nichts anderes als ein gut geführter Dialog mit Ihren Kunden. Wenn man sich dies immer wieder vor Augen hält und gerne mit seinen Kunden kommuniziert, ist man schon auf einem guten Weg. Wenn Sie etwas zu sagen haben, authentisch agieren und den Dialog auf Augenhöhe suchen, dann fangen Sie an, Social CRM zu nutzen. Sie werden mit zufriedenen Kunden belohnt.

Die 5 häufigsten Fehler

Fünf häufige Fehler, die den Erfolg Ihres Social CRM gefährden

- **Monolog statt Dialog.**

Bei Social CRM geht es um Dialog und nicht darum, Marketing- oder Vertriebsankündigungen über Blogs oder Twitter zu verbreiten. Wer im Social CRM nicht zuhört und nur „reden“ will, dem laufen die Zuhörer weg.

- **Sie wollen verkaufen, verkaufen, verkaufen.**

Ihre Kunden wollen sich bei Twitter, Facebook oder auf anderen Diensten mit Ihnen unterhalten. Eine Konversation, die sich nur darum dreht, Ihren Kunden Produkte und Dienstleistungen zu verkaufen, wird nicht akzeptiert.

- **Sie langweilen Ihre Kunden und Zuhörer.**

Wenn Sie nichts Spannendes zu erzählen haben oder die Inhalte nicht interessant aufbereiten, wandern die Kunden zu anderen spannenderen Plattformen ab. Kunden wollen unterhalten werden, sie wollen erkennen, dass Sie sich Mühe im Dialog geben. So wie im richtigen Leben.

- **Sie agieren nicht zeitnah.**

Sie beantworten Fragen aus Twitter erst nach zwei Tagen? Ihr letzter Eintrag auf Ihrem Firmenblog liegt zwei Monate zurück? Warum sollen Ihre Kunden Sie noch im Internet besuchen? Da ist die Zeitung vom Vortag spannender.

- **Sie wollen alles unter Kontrolle halten.**

Im Social CRM erwarten Kunden von Ihnen einen ehrlichen Dialog auf Augenhöhe. Partnerschaftliche Kommunikation heißt auch, dass Sie nicht immer alles lieben und schätzen werden, was man über Sie sagt. Dialog heißt, dies zu akzeptieren. Gefilterte Dialoge mutieren zum Bumerang. Besser ist es, sich der Kritik offen und ehrlich zu stellen.

Literatur

Qualman, Erik (2009): Socialnomics. Wie Social Media Wirtschaft und Gesellschaft verändern. Frechen: mitp.

Meermann Scott, David (2009): Die neuen Regeln für Marketing und PR im Web 2.0. Wie Sie im Social Web News Releases, Blogs, Podcasting und virales Marketing nutzen, um Ihre Kunden zu erreichen. Frechen: mitp.

Berns, Stefan (2009): Der Twitter Faktor. Kommunikation auf den Punkt gebracht. Göttingen: Businessvillage.

Ihre Notizen:

Christian Bennefeld

Wie Sie mit Web-Controlling Ihren Online-Erfolg gezielt steuern

Für alle Unternehmen, die im Web aktiv sind, stellen die Qualität der Website und die Wirksamkeit der Online-Marketing-Maßnahmen zentrale Wettbewerbs- und Erfolgsfaktoren dar. Dieser Beitrag gibt 10 konkrete Tipps, wie Sie mit Web-Controlling Ihre Internet-Aktivitäten gezielt optimieren und so Ihren Online-Erfolg steigern können.

Der Autor

Christian Bennefeld

Christian Bennefeld ist geschäftsführender Gesellschafter der von ihm mitgegründeten Hamburger etracker GmbH, einem in Europa führenden Anbieter von Produkten und Dienstleistungen zur Optimierung von Websites und On-line-Marketing-Maßnahmen. Bei etracker verantwortet er das gesamte operative Geschäft, den Vertrieb sowie die Unternehmensstrategie. Christian Bennefeld ist diplomierter Mathematiker und arbeitete nach seinem Studium in verschiedenen leitenden Positionen für internationale Softwarehäuser. Vor der Gründung von etracker im Jahr 2000 war Bennefeld zuletzt als Geschäftsstellenleiter bei der Gauss Interprise Consulting AG tätig.

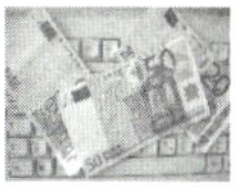

Wie Sie mit Web-Controlling Ihren Online-Erfolg gezielt steuern – 10 konkrete Tipps

In diesem Kapitel geht es um Web-Controlling und darum, wie Sie mit der gezielten Analyse des Nutzungsverhaltens Ihrer Besucher den Online-Erfolg Ihrer Website gezielt steigern können. „Web-Controlling“, werden Sie vielleicht fragen, „hat das was mit Kontrolle der Website-Besucher und dem Ausspionieren von Nutzern zu tun?“ Keine Sorge – das hat es definitiv nicht. Der Begriff „Controlling“ kommt aus dem Englischen und lässt sich am genauesten mit dem deutschen Wort „Steuerung“ übersetzen. Web-Controlling ist also die zielgerichtete Steuerung von Online-Aktivitäten wie dem Webauftritt oder den Online-Marketing-Maßnahmen.

Steigern Sie den Erfolg Ihrer Website durch die gezielte Analyse des Nutzerverhaltens.

Warum Sie das brauchen? Ganz einfach – nur wenn Sie das Nutzungsverhalten Ihrer Besucher systematisch analysieren und darüber den Erfolg Ihrer Online-Aktivitäten stetig im Blick haben, können Sie diese auch verbessern und kontinuierlich optimieren. Und das ist angesichts der Dynamik des Internets und des hohen Konkurrenzdrucks unabdingbar.

Ihr Web-Controlling ist am erfolgreichsten, wenn Sie bestimmte Regeln beachten. Genau diese liefert dieser Beitrag. Sie erfahren, warum Sie Web-Controlling als kontinuierlichen Prozess verstehen müssen, was Sie bei der Auswahl von Web-Controlling-Systemen beachten sollten, in welcher Reihenfolge Sie bei der Optimierung am besten vorgehen und wo die Trends im Web-Controlling hingehen.

Für erfolgreiches Web-Controlling müssen Sie einige Regeln beachten.

1. Verstehen Sie Web-Controlling als kontinuierlichen Prozess

Wie das klassische betriebswirtschaftliche Controlling folgt auch das Web-Controlling einem Regelkreislauf.

Web-Controlling ist ein Zyklus, der aus vier Schritten besteht.

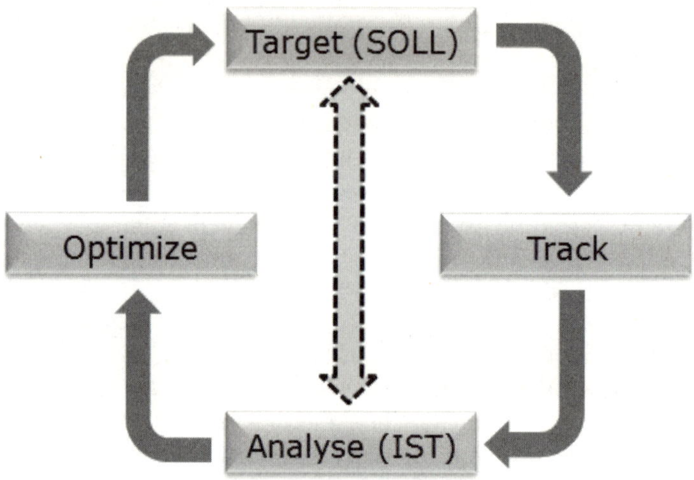

Web-Controlling-Kreislauf

Die Steuerung der Webaktivitäten ist immer ein Kreislauf aus vier Einzelschritten: Zunächst legen Sie die Ziele und Sollwerte fest (Target), dann erfassen Sie die Besucherdaten (Track) und analysieren die daraus gewonnenen Ist-Kennzahlen (Analyze) und zum Schluss leiten Sie – bei Bedarf – Optimierungsmaßnahmen ein (Optimize), wenn Soll und Ist nicht übereinstimmen. Der Zyklus beginnt wieder von Neuem, wenn Sie die Wirksamkeit der Optimierungen messen. Nur wenn Sie Web-Controlling als kontinuierlichen Prozess verstehen, können Sie das Potenzial einer intelligenten Online-Analyse voll ausnutzen.

2. Legen Sie steuerungsrelevante Kennzahlen und Ziele fest

Abhängig von der Natur Ihres Online-Business verfolgen Sie bestimmte Ziele.

Von diesen Zielen hängen wiederum die Kennzahlen ab, die Sie erheben sollten. Für Websites, deren Hauptziel der Abverkauf ist, sind Besucheranzahl, Konversionsraten, Bestellumsätze, Warenkorb-Zusammensetzung oder Abbruchraten im Bestellprozess besonders wichtige Kennzahlen. Als B2B-Website-Betreiber zielen Sie vielleicht auf Information und Kontaktaufnahme ab – dann sollten Sie Kennzahlen wie Verweildauer, durchschnittlich aufgerufene Seiten, Klickpfade oder Abbrüche auf Kontaktseiten erheben. Und bei einem Info-Portal mit ständig wechselnden Inhalten sind zum Beispiel die Top-Artikel der letzten Stunde interessant.

Welche Daten Sie erheben, hängt von den Zielen Ihrer Website ab.

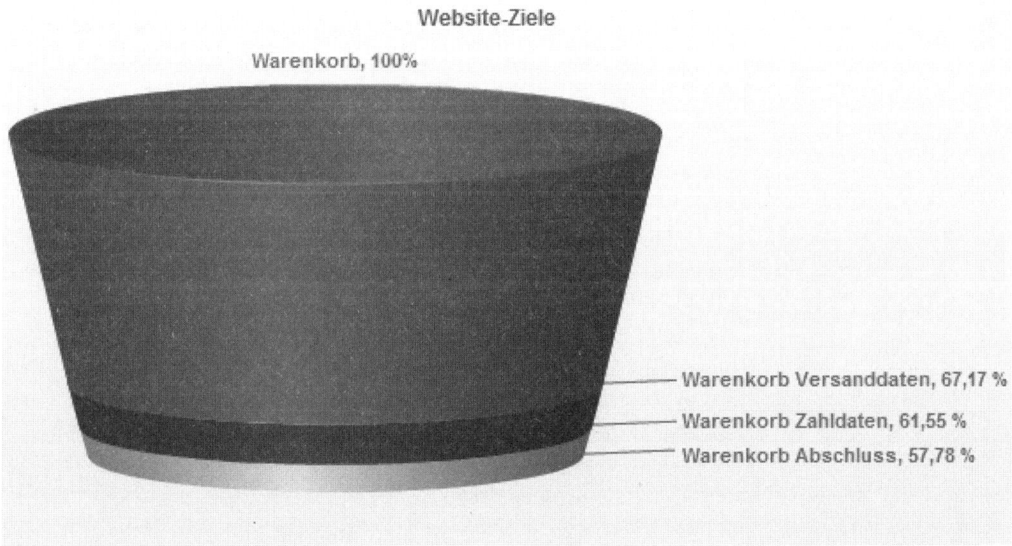

Website-Ziele

3. Achten Sie auf Datenschutz-Konformität

Nicht alles, was technisch möglich ist, ist rechtlich auch erlaubt.

Bleiben Sie stets auf dem Laufenden: Verstöße gegen das Datenschutzgesetz sind teuer.

Bei der Datenerhebung im Internet unterliegen Sie als Website-Betreiber dem Telemediengesetz und – sofern Sie personenbezogene Daten erfassen – auch dem Bundesdatenschutzgesetz. Die Auslegung der gesetzlichen Vorgaben wurde durch einen Beschluss des Düsseldorfer Kreises, einer Vereinigung der obersten Datenschutz-Aufsichtsbehörden im nicht öffentlichen Bereich, jüngst vereinheitlicht. So dürfen Sie beispielsweise vollständige IP-Adressen nicht ohne Einwilligung des Betroffenen verarbeiten oder gar speichern – auch nicht zur Geoanalyse. Achten Sie darauf, dass Ihr Web-Controlling-System auch die neusten Anforderungen erfüllt, denn bei Verstößen drohen Bußgelder bis zu 50.000 Euro.

4. Wählen Sie die geeignete Software aus

Neben der Datenschutz-Konformität sollten Sie bei der Software-Auswahl weitere Aspekte beachten.

Ihr Web-Controlling-System sollte echtzeitfähig sein.

Damit Sie zu jedem Zeitpunkt Einblick in aktuelle Controlling-Kennzahlen haben, sollte Ihr Web-Controlling-System echtzeitfähig sein. Bei Shops sollte das System unbedingt Bestellungen von tatsächlichen Käufen unterscheiden können, das heißt, Rücksendungen, Stornierungen und Ähnliches sollten erkannt und erfasst werden. Damit Sie die Daten sämtlicher Besucher erfassen können und Messfehler vermeiden, achten Sie darauf, dass die Lösung möglichst wenige technische Voraussetzungen erfordert. Auch auf qualifizierten Support sollten Sie nicht verzichten.

5. Schritt 1: Beginnen Sie mit der Onsite-Optimierung

Bevor Sie viel Geld in Online-Marketing-Maßnahmen investieren, sorgen Sie dafür, dass die Besucher auf Ihrer Website nicht enttäuscht werden.

Finden Sie als Erstes heraus, wo die Schwachstellen Ihrer Web-Präsenz liegen. An welchen Prozessschritten sind die Abbruchraten am höchsten, welche Seiten sind typische Ausstiegsseiten, wo verweilen die Website-Besucher besonders kurz? Diese Bereiche Ihrer Website sollten Sie dann in einem zweiten Schritt genauer analysieren.

Finden Sie heraus, ob Ihre Website Schwachstellen hat.

6. Schritt 2: Optimieren Sie Einzelseiten gezielt

Analysieren und optimieren Sie gezielt Inhalte und Usability der Seiten, auf denen Sie Schwächen lokalisiert haben.

Eine Web-Controlling-Lösung bietet dafür zahlreiche Werkzeuge. Zur Analyse von typischen Ausstiegsseiten können Sie beispielsweise den Klickpfad betrachten – eventuell wurden zuvor geweckte Erwartungen auf der Ausstiegsseite enttäuscht. Oder decken Sie mit einer Clickmap Schwachstellen in der Usability Ihrer Seiten auf. Zusätzlich zur passiven Besucher-Beobachtung können Sie Ihre Besucher auch aktiv in den Optimierungsprozess einbeziehen, etwa durch Feedback-Buttons auf kritischen Seiten. Oder Sie zeichnen zusätzlich die Nutzer-Interaktionen mit Webseiten mittels Mousetracking auf und erhalten so Aufschluss über Schwächen bei der Bedienung und Nutzerführung. Leistungsstarke Web-Controlling-Lösungen bringen solche Möglichkeiten mit.

Eine Clickmap deckt Schwachstellen in der Usability Ihres Online-Auftritts auf.

Clickmap

7. Schritt 3: Überprüfen Sie die Effektivität Ihrer Online-Marketing-Maßnahmen

Wie bei der Website-Optimierung müssen Sie auch beim Online-Marketing-Controlling Ziele festlegen.

Finden Sie heraus, welche Maßnahmen sich rentieren.

Geht es Ihnen primär um die Steigerung von Klicks, um höhere Konversionsraten oder um möglichst viel Umsatz? Für E-Commerce-Betreiber ist die Kosten-Umsatz-Relation eine besonders wichtige Kennzahl. Generell sollten Sie die Kosten der einzelnen Maßnahmen immer in Relation zum Ergebnis setzen – nur so sehen Sie, welche Maßnahmen sich wirklich rentieren, und können Ihr Budget optimal verteilen. Optimieren Sie auch die Landing-Pages von Kampagnen. Sind sie nicht erwartungskonform, verlassen die Besucher Ihre Website sofort wieder.

8. Beziehen Sie Branchen-Benchmarks in die Optimierung ein

Betrachten Sie beim Web-Controlling nicht nur die eigene Website, sondern vergleichen Sie Ihre Leistung mit Marktteilnehmern derselben Branche.

Vergleichen Sie Ihre Kennzahlen mit Branchen-Durchschnittswerten.

Damit Sie einschätzen können, ob Ihre Kennzahlen noch weiteres Steigerungspotenzial aufweisen, sollten Sie diese mit Branchen-Durchschnittswerten vergleichen. Einige Web-Controlling-Anbieter stellen solche branchenorientierten Benchmarks in ihren Systemen direkt zur Verfügung. Damit erkennen Sie die Verbesserungspotenziale Ihrer steuerungsrelevanten Kennzahlen auf einen Blick.

9. Beginnen Sie nicht erst nach einem Relaunch mit Web-Controlling

Starten Sie schon einige Zeit vor einem geplanten Relaunch mit Web-Controlling.

Berücksichtigen Sie die Ergebnisse aus dem Web-Controlling bei Ihrem Relaunch.

Nur so können Sie die Veränderungsprozesse und ihre Ergebnisse verfolgen. Vor dem Relaunch sollten Sie auch technische Kennzahlen verifizieren und beispielsweise analysieren, welche Browser, Plug-ins oder Zugangsgeschwindigkeiten Ihre Besucher benutzen. Dies sollten Sie dann im Relaunch berücksichtigen. Sonst kann es Ihnen passieren, dass Sie viele Videos anbieten, die Mehrzahl Ihrer Besucher diese aber nicht abspielen kann. Analysieren Sie auch, wie viele Besucher von welchen mobilen Endgeräten auf Ihre Website zugreifen. Gegebenenfalls ist es sinnvoll, für bestimmte Inhalte Ihrer Website spezielle Mobile Services anzubieten.

> „Schon vor einem geplanten Relaunch ist Web-Controlling wichtig."

10. Verknüpfen Sie die passive mit der aktiven Besucheranalyse

Der Trend im Web-Controlling geht dahin, qualitative und quantitative Daten über das Nutzungsverhalten der Besucher zu verknüpfen: Web-Controlling 3.0.

Mit Besucher-Befragungen beziehen Sie die User aktiv in Ihr Web-Controlling ein.

Um Optimierungspotenziale voll auszuschöpfen, können Sie neben der passiven Besucher-Beobachtung mittels Web-Controlling Ihre Besucher auch aktiv einbeziehen – zum Beispiel durch strukturierte Besucher-Befragungen oder Feedback-Buttons auf Ihrer Website. Achten Sie darauf, dass die verschiedenen Systeme integrierbar sind, sodass Sie die Daten miteinander verknüpfen können. Ist das der Fall, haben Sie zum Beispiel die Möglichkeit, beliebige Fragestellungen zielgruppenorientiert zu analysieren und granulare Segmentierungen bei den Besuchern Ihrer Website vorzunehmen.

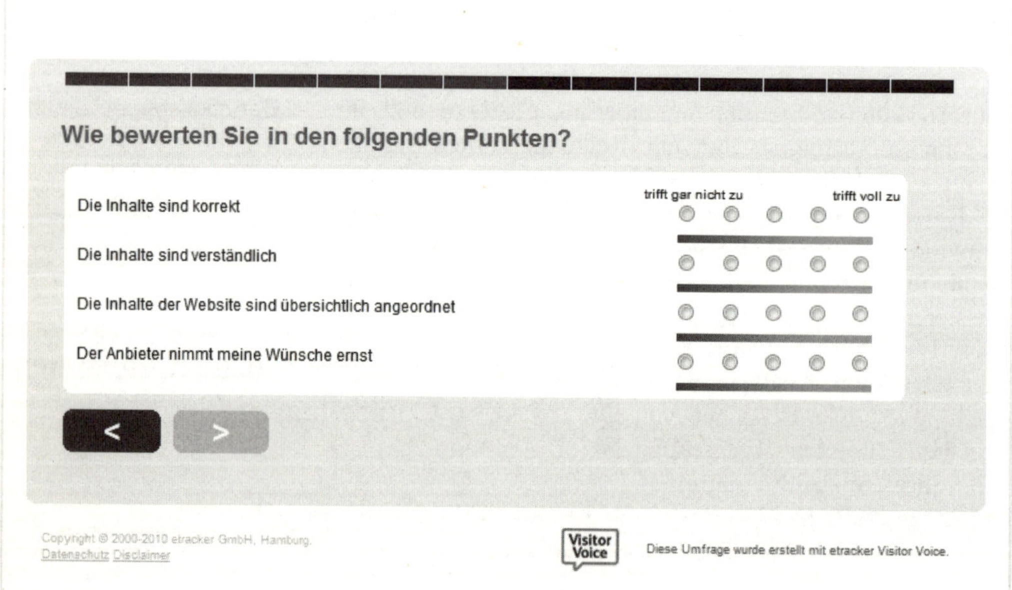

Zusammenfassung

Zum Schluss:

Behalten Sie Ihre Online-Präsenz immer im Blick – nur so können Sie diese bei Bedarf verbessern und Ihre Internet-Aktivitäten kontinuierlich optimieren. Ihre Besucher werden es Ihnen danken – sei es mit längerer Verweildauer, mehr Käufen oder höherer Loyalität. Und eines sollte Sie auf jeden Fall anspornen: Schon kleine Optimierungen können große Wirkungen nach sich ziehen.

Die fünf häufigsten Fehler

Die 5 häufigsten Fehler

- **Sie gehen den Software-Auswahlprozess falsch an.**

Greifen Sie nicht einfach unreflektiert zu irgendeiner Web-Controlling-Software, sondern definieren Sie zunächst genau Ihre Anforderungen und wägen Sie die Vor- und Nachteile verschiedener Systeme ab. So mögen beispielsweise kostenfreie Tools auf den ersten Blick verlockend erscheinen – das Argument der Kostenersparnis relativiert sich bei genauerem Hinsehen jedoch schnell. Sie zahlen zwar keine Lizenzgebühr, dafür aber oftmals mit den sensiblen Daten über Ihr Online-Geschäft und Ihre Besucher.

- **Sie binden die Web-Controlling-Lösung technisch falsch ein.**

Für Web-Controlling müssen Sie nur ein kleines Stückchen Tracklet-Code auf den Seiten einfügen, die Sie analysieren möchten. Je aussagekräftiger die Analysen jedoch sein sollen, desto mehr Daten müssen Sie an Ihren Dienstleister übergeben – beispielsweise Seitennamen oder Angaben zur Websitestruktur. Sorgen Sie dafür, dass alle Daten, die Sie für Ihre Auswertungen benötigen, einwandfrei übergeben werden. Das ist die Grundvoraussetzung für zufriedenstellende Ergebnisse.

- **Sie arbeiten nur unregelmäßig mit dem System.**

Damit Web-Controlling-Systeme nicht zum bloßen Reporting-Tool verkommen, sollten Sie in Ihrem Unternehmen klare Verantwortlichkeiten schaffen. Die Mitarbeiter, die für das Web-Controlling zuständig sind, müssen genug Freiraum haben, sich intensiv damit zu beschäftigen. Binden Sie den Web-Controlling-Kreislauf in die Prozessstruktur Ihres Unternehmens ein. Sollte das nötige Web-Controlling-Know-how fehlen, nehmen Sie Beratungsleistungen durch Ihren Anbieter in Anspruch.

- **Sie beginnen in der falschen Reihenfolge mit der Optimierung.**

Damit möglichst viele Besucher auf Ihre Website gelangen, geben Sie viel Geld für Online-Marketing-Maßnahmen aus. Wenn Sie Ihre Website jedoch vorher nicht optimiert haben, riskieren Sie unzufriedene Besucher. Optimieren Sie daher immer zuerst die Benutzerfreundlichkeit, die Inhalte und die Benutzerinteraktion Ihrer Online-Präsenz. Dann erst lohnt es sich, den Traffic mit passenden Online-Marketing-Maßnahmen zu erhöhen.

- **Sie vergeuden viel Zeit durch Optimierung im Trial-and-Error-Verfahren.**

Sie kommen mit dem reinen Web-Controlling nicht weiter und verwenden viel Zeit darauf, Hypothesen über das Verhalten Ihrer Besucher aufzustellen und im Trial-and-Error-Verfahren zu überprüfen, nur um sie dann doch wieder verwerfen zu müssen. Das kostet viel Zeit. Holen Sie sich Hilfe – entweder bei Ihrem Anbieter oder bei Ihren Besuchern. Wenn Sie Ihre Web-Controlling-Daten mit Informationen aus Besucher-Befragungen oder seitenbezogenem Feedback kombinieren, können Sie Ihre Website noch zielgerichteter und nutzerzentrischer optimieren.

Literatur

Fischer, Mario (2008): Website Boosting 2.0: Suchmaschinen-Optimierung, Usability, Online-Marketing, 2. aktualisierte und erweiterte Auflage. Frechen: mitp-Verlag.

Stahl, Ernst, Krabichler, Thomas, Breitschaft, Markus, Wittmann, Georg (2009): E-Commerce-Leitfaden: Erfolgreicher im elektronischen Handel. Regensburg: Universitätsverlag.

Ihre Notizen:

....

....

Der Abspann

Liebe Leserin, lieber Leser,

das waren bis hier 200 ganz konkrete Tipps und Ideen für Ihr Online-Marketing. Und 100 Fehler, die Sie meiden sollten. Wir hoffen, dass Sie Ihr Buch immer wieder ganz praktisch nutzen können und aus Ihrer Online-Marketing-Attacke mit der Zeit so etwas wie eine Checkliste entsteht. Gefüllt mit Anmerkungen, Notizen und mit vielen Haken für umgesetzte Tipps.

Geht die Attacke weiter? Wir meinen ja. Viele Bereiche in Marketing, Vertrieb und Organisation lassen sich aufspießen, mit klugen Schachzügen optimieren und sind längst ins Visier der Redaktion geraten. Aber das sind bereits andere Geschichten …

Was nun noch kommt: einige Informationen, die Sie in der praktischen Arbeit mit diesem Buch und im Marketing weiter unterstützen. Dazu gehören …

- ein kleines Lexikon der wichtigsten Fachbegriffe,
- ein Stichwortverzeichnis,
- einige Hinweise zu weiteren Publikationen des SGV Verlages, z. B. zur Marketing-Attacke 1.

Das kleine Lexikon

Wichtiges schnell erklärt ...

Absprungrate

Die Absprungrate zeigt Ihnen, wie viele User nur eine Seite besuchen oder Ihre Internetseite bereits wieder auf der Einstiegseite verlassen. Die Absprungrate sollte natürlich möglichst gering sein.

AdWord

AdWord (engl. für „**Ad**verts“ = *Werbeanzeigen* und „**Words**“ = *Wörter -> werbende Wörter)* ist eine werbende Anzeige bei dem Suchmaschinenbetreiber Google.

Affiliate-Marketing

Beim Affiliate-Marketing handelt es sich um ein Marketing- und Vertriebskonzept im Internet. Ziel dabei ist die Platzierung eigener Angebote auf Internetseiten von Partnerunternehmen (auch Affiliates genannt), um zusätzliche Verkäufe zu generieren.

Applikation

Eine Applikation, kurz auch „App“ genannt, ist ein Anwendungsprogramm für Smartphones (z. B. iPhone). Es bietet Benutzern eine zusätzliche Funktion, die sie jederzeit und überall mit ihrem Smartphone abrufen können. Beispiel: App der „Deutschen Bahn“.

Backlink

Backlink (auch Backward Link, dt. Rückverweis) bezeichnet einen Link, der auf die Website einer anderen Domain verweist. Durch die Anzahl an Backlinks berechnen viele Suchmaschinen mit Hilfe ihres Ranking-Algorithmus die Positionierung dieser Seite.

Benchmark

Benchmark ist ein Wert, den Unternehmen als Maßstab für Leistungsvergleiche nutzen. Dadurch kann das Unternehmen seine Stärken und Schwächen gegenüber anderen ermitteln und somit seine eigene Leistungsfähigkeit steigern.

Blacklist

In einer sogenannten Blacklist werden alle Websites und IPs geführt, welche einer Suchmaschine negativ aufgefallen sind.

Bounce

Bounce (engl. für Auf- oder Rückprall) oder Bounce-Message bezeichnet eine automatisch generierte Fehlermeldung via E-Mail, die von einem Mail-Server versandt wird. In dieser Nachricht sind Informationen über die Unzustellbarkeit der gesendeten E-Mail enthalten.

Change-Management

Veränderungsprozesse zur Umsetzung von neuen Strategien in einer Organisation.

Content-Management-System (CMS)

Ein Content-Management-System ermöglicht die Organisation von digitalen Inhalten innerhalb eines geschlossenen Systems. Der Vorteil: Es sind keine Programmier- oder HTML-Kenntnisse notwendig.

Conversion-Rate

Die Conversion Rate / Konvertierungsrate gibt an, wie viele Besucher einer Website zu Käufern werden. Je höher diese Prozentzahl, desto erfolgreicher die Werbeaktion.

Rechnung: Käufe oder Bestellungen / Besucher = Conversion-Rate

Cost per Click (CPC)

CPC („Cost per Click“) oder auch PPC („Pay per Click“) bezeichnet ein Abrechnungs-Modell für Werbung im Online-Marketing. Die Leistung wird dabei pro Klick auf ein vorhandenes Werbemittel abgerechnet.

Cost per Order (CPO)

Wichtig für die Erfolgsmessung. Gibt an, wie viel ein Werbetreibender durchschnittlich für eine Reaktion, einen Kauf oder Abschluss bezahlen/investieren muss.

Rechnung: Gesamtkosten der Werbeaktion / Gesamtzahl der Reaktionen = CPO

Cost per View (CPV)

Cost per View (CPV) gibt an, wie viel Geld der Aufruf einer entsprechenden Seite oder AdWords-Anzeige kostet.

Deeplink

Deeplinks sind Links, die zu einer bestimmten Unterseite („tieferliegende“ Ebene) Ihrer Website verweisen.

Double-Opt-in-Verfahren

Mit dem Double-Opt-in-Verfahren stimmt der E-Mail-Empfänger dem Empfang eines Newsletters zu. Nach der Registrierung wird an die angegebene E-Mail-Adresse eine Nachricht gesendet. Erst durch das Klicken des Hyperlinks ist der Nutzer endgültig in den E-Mail-Verteiler eingetragen.

Landing Page

Auf der Landing Page „landen“ Besucher, wenn sie über eine Suchergebnisseite oder einen Werbebanner auf Ihre Seite gelangen.

Lead-Scoring

Lead-Scoring ist ein Bewertungssystem, das potenzielle Kunden (Leads) nach ihren Kaufinteressen einstuft.

Link-Building

Link-Building bezeichnet die Bemühung, auf möglichst vielen fremden, themenbezogenen Internetseiten einen Link auf die eigene Website zu bekommen.

Marketing-ROI

Der Return on Investment (ROI) im Marketing berücksichtigt die Kosten einer Marketing-Kampagne und setzt diese ins Verhältnis zu den erzielten Gewinnen. Er ist somit eine wichtige Kennzahl für die Rentabilität von Investitionen.

Mobile Marketing

Mobile Marketing umfasst Marketingmaßnahmen, die sich auf drahtlose Kommunikationsmittel beziehen wie Handys, mobile Computer und PDAs.

Onsite-Optimierung

Onsite-Optimierung ist ein Teilbereich der Suchmaschinen-Optimierung (SEO). Sie bezeichnet alle Maßnahmen auf Ihrer Website, mit denen Sie eine bessere Position in Suchmaschinen erreichen.

Page-Impression (dt. Seitenaufruf)

Eine Page-Impression (PI) entsteht mit jedem Laden einer Internetseite. Wenn ein User also auf einer Homepage sechs Seiten besucht, erzeugt er sechs Page-Impressions/ Seitenaufrufe.

Recommendation-Engine

Recommendation-Engine ist ein automatischer Empfehlungsdienst, der alle Online-Kaufvorgänge auswertet und auf dieser Basis ähnlich gezielte Kaufvorschläge macht.

Relaunch

Relaunch (engl. für Neustart) im Zusammenhang mit dem Internet bezeichnet die Neustrukturierung der Inhalte und des Designs einer Website. (Bei dem Produktlebenszyklus wird meist in der Rückgangsphase [Degeneration] der Relaunch eines Produktes durchgeführt.)

Social Media

Social Media ist der Oberbegriff für soziale Netzwerke und Netzgemeinschaften, die als Plattformen zum gegenseitigen Austausch von Meinungen und Erfahrungen dienen.

Social Network

Social Networks (engl. für soziale Netzwerke) sind Internetdienste, die Netzgemeinschaften beherbergen. Beispiele: Facebook, MySpace, XING …

Tausenderkontaktpreis (TKP)

Der Tausenderkontaktpreis zeigt, welchen Betrag ein Werbetreibender zahlen muss, um 1000 Sichtkontakte zu erzielen. Für die Kalkulation: Preis der Werbeschaltung / Bruttoreichweite x 1000 = TKP.

Tracklet-Code

Tracklet-Code ist eine andere Bezeichnung für HTML-Code und wird im Zusammenhang mit E-Tracking (elektronische Verfolgung) verwendet.

Unique User

Diese Kennzahl gibt an, wie viele „eindeutige“ Nutzer eine Website in einer bestimmten Zeitspanne hat.

Verweildauer

Sie sagt, wie lange ein User pro Besuch auf einer Website bleibt. Analyse-Tools können jedoch (noch) nicht sagen, wann ein User mit dem Betrachten einer Website aufhört und z. B. zum Telefon greift.

Stichwortverzeichnis

Danke

Dieses Buch ist Teamwork. Deshalb an dieser Stelle noch einmal ein Danke an die Autoren, aber auch ein Danke an alle, die in Textakademie und Verlag mitgeholfen haben, aus dieser Idee ein Buch zu machen: in Redaktion und Lektorat an Christine Schneider, Philipp Wenger und Birgit Adam, für Recherche und Unterstützung im Satz an Daniel Götz und Christina Ruf. An Herrn Wenger noch ein Extra-Danke für Umschlagentwürfe und viele umgesetzte Änderungen ;-), an Kristina Würz für den scharfen Blick in der Endkorrektur und an Frau Schneider für das geduldige Zusammenhalten aller „Fäden“ im Finishing.

So geht die Online-Marketing-Attacke weiter

1. Der Tipp des Monats

Als Service für alle Leser schreibt Stefan Gottschling jeden Monat einen neuen Textertipp. Melden Sie sich einfach unter www.textakademie.de für diesen kostenlosen E-Mail-Service an. Aktuelle Text-Themen, konkrete Praxishilfen oder Techniken, die Ihre Texte weiter verbessern, finden Sie dann jeden Monat in Ihrem Tipp. Praktisch und sofort umsetzbar. Einfach anmelden – und Ihr Marketing-Buch wächst und wächst und wächst …

2. Update auf www.sgv-verlag.de

Weblinks, Updates und mehr finden Sie auf der Seite des Verlags. Hier sind Links zu Studien, Autoren und sonstige Updates und nützliche Hinweise für Sie gesammelt.

Weiter im Text: Mehr aus dem SGV Verlag

Ebenfalls aus dem SGV Verlag: „Werbebriefe einfach machen! Das So-geht's-Buch für verkaufsstarke Briefe." Was macht Werbebriefe erfolgreich? Welche Techniken führen den Leser zur Reaktion? Kurz: Wie geht verkaufsstarkes Texten? Die Antwort gibt Stefan Gottschling in seinem aktuellen Buch „Werbebriefe einfach machen!".

Hier lesen Sie alles über Briefeinstiege, -ausstiege und -konzepte, die Ihre Kunden zielgerichtet durch den Brief und zur gewünschten Reaktion führen. Praxisnah und kompakt bietet Ihnen dieses Buch einen konkreten Ansatzpunkt, wie Sie Ihre Texte optimieren – von der ersten bis zur letzten Seite ein wahres „So-geht's-Buch".

Aus den Leser-Bewertungen:
„Ein Buch, das wirklich nützt. Kompakt, auf den Punkt, ganz praktisch. Unverwechselbar ist einmal mehr Stefan Gottschlings lockere Art zu schreiben. Mein Urteil: Sehr lesenswert!"

Gleich bestellen unter 0906 / 73 464
oder online unter www.sgv-verlag.de.

Für messbar mehr Verkäufe

Das Fachbuch: Marketing-Attacke

Das sagt die Presse ...

„Derzeit wohl die beste Wahl, wenn nach Antworten und To-do-Listen für das Marketing gesucht wird.“ (*konstruktionspraxis.de.)*

„Tipp der Redaktion“ (*W&V-Shop, Werben & Verkaufen, Februar 2009)*

Über 200 Expertentipps zu den Themen Marketing, Kommunikation und Verkauf.

Marketing-Attacke ist ein Buch für Macher. Es redet nicht lang herum, sondern gibt über 200 konkrete Expertentipps. Kompakt, im Checklisten-Format und ganz praktisch. Es ist kein Lehrbuch, sondern eine Schatzkiste für jeden, der verkauft. Mit Werkzeugen, die helfen, Ihr Marketing noch besser zu machen und so messbar mehr zu verkaufen.

Herausgeber Stefan Gottschling hat 20 ausgewiesene Kenner und Könner für diese Offensive mobilisiert. Ausdrücklich empfohlen: im Buch mit einem Stift zu arbeiten und umgesetzte Tipps „abzuhaken“. Das Schöne daran: Wenn Sie nur einige der cleveren Schachzüge umsetzen, hat sich Ihr Buch ganz schnell amortisiert. Schärfen Sie also mit dieser Marketing-Attacke Ihren Blick, verbessern Sie Ihre Strategie und erobern Sie Ihren Markt.

Die **Möglichkeit zur Bestellung** und mehr Informationen zu den Büchern finden Sie unter **www.sgv-verlag.de.**

Lexikon der Wortwelten
Das So-geht´s-Buch für bildhaftes Schreiben

Wenn Lesen Fernsehen im Kopf ist – dann liefert dieses Buch die Anleitung und Werkzeuge für „Filmemacher" dazu. Denn das Lexikon der Wortwelten ist eine Sammlung von bildhaften Wörtern, Wendungen und Sprichwörtern. In 16 Kapiteln wie „Farben und Malen", „Seefahrt" oder „Der menschliche Körper" finden Sie Sprachbilder, Redewendungen und Metaphern.

„Ein Must-have, mit dem Sie Stilbrüche vermeiden und Schreibblockaden überbrücken können." (W&V)

„Kreatives Überraschungsei für starke Texter" ([Vorsicht] starke Worte)

Jetzt bestellen unter www.sgv-verlag.de oder telefonisch unter 0906 / 73 464.

Weitere Empfehlungen:

Der Bestseller – „Stark texten, mehr verkaufen“

Das Texterbuch „Stark texten, mehr verkaufen“ von Stefan Gottschling zeigt Ihnen, wie Sie Ihre Texte Schritt für Schritt auf Response trimmen. Mit praktischen Übungen optimieren Sie Ihre Text-Arbeit und machen aus Adressaten Kunden.

Power-Training Text: Jeden Monat neuer Input

Jeden Monat schreibt Stefan Gottschling für Sie eine Ausgabe des Power-Trainings Text. Das heißt: zahlreiche Übungen, kompaktes Wissen und viele frische Impulse für das Schreiben. Denn wer im Text wirklich weiterkommen will, braucht nicht nur Training, sondern ständig neuen Input. Genau das liefert Ihnen das Powertraining. Monat für Monat.

Jetzt Infos zum Abonnement anfordern. Eine E-Mail an powertraining@textakademie.de genügt.

Der Turbo für Ihre Kreativität

Im Büchlein „30 Minuten für Kreativitätstechniken“ von Claudia Bayerl lesen Sie, wie Sie schnell und zuverlässig neue Ideen finden. In nur 30 Minuten zeigt Ihnen die Autorin einen Werkzeugkasten, mit dem Sie Ihre Aufgaben jederzeit kreativ und schnell lösen.

Noch weiter im Text ...

... geht´s in den Texterseminaren von Stefan Gottschling:

Zum Beispiel mit den beiden Intensiv-Seminaren Textwerkstatt I und II: Erleben Sie mit vielen Übungen und konkreten Beispielen, wie Sie mit starken Texten mehr verkaufen. Sehr praxisnah, mit viel Spaß und fundierten Werkzeugen arbeiten Sie auch an eigenen Texten. Dabei werden die ausführlichen Seminar-Unterlagen zu maßgeschneiderten Arbeitsbüchern.

In der Textwerkstatt I lernen Sie ein Redigiersystem kennen, das zeigt, wie aus Rohtexten mit einfachen Textwerkzeugen erfolgreiche Werbebriefe entstehen. „Schreibblockaden“, „Texteinstiege“ oder „bildhaftes Texten“ sind nur einige der vielen spannenden Themen, die Sie erwarten.

Die Textwerkstatt II zeigt, wie Sie sich gute Argumente erarbeiten, Produktmerkmale in Nutzen verwandeln und bereits durch die Konzeption die Weichen auf Erfolg stellen. Auch Headline-Techniken und Tonalitäten werden in diesem Seminar zum Praxis-Thema.

Ideale Ergänzung zu den Texterseminaren ist das 100-Ideen-Seminar Kreativitätstechniken: Es vermittelt Ihnen, wie Sie schnell und zuverlässig Ideen finden, Moderationen effizienter gestalten oder festgefahrene Besprechungen in wahre Ideen-Fundgruben verwandeln.

Unter www.textakademie.de finden Sie das komplette Seminarprogramm und ausführliche Inhaltsangaben. Informieren Sie sich umfassend, stöbern Sie in den Fachartikeln zum Download oder abonnieren Sie einfach Ihren kostenlosen Textertipp des Monats.

Wir freuen und auf Ihren Besuch!

Ihre Textakademie GmbH